わたしの
ウナギ研究

海 部 健 三 著

さ・え・ら書房

わたしのウナギ研究

装画・イラスト　中村広子
表紙写真　脇谷量子郎
装丁　久住和代

もくじ

第1章　ウナギを研究する　7
第1節　なぜウナギ研究なのか　8
1．ウナギの一生／2．減少するウナギ
第2節　ウナギの調査を始める　15
1．旭川《あさひがわ》と児島湾《こじまわん》／2．ウナギを研究するということ／3．生活する
／4．漁師さんに弟子入り／5．ウナギを捕《と》る
第2章　ウナギ研究のいま　31
第1節　ウナギの産卵場調査　32
1．ヨーロッパウナギの産卵場調査／2．ニホンウナギの産卵場の発見
／3．ウナギは「なぞの多い魚」なのか
第2節　ウナギ資源を守る　44
1．なぜウナギは減少しているのか／2．完全養殖《ようしょく》の成功
／3．完全養殖《ようしょく》はウナギを救うのか
◆水の中の魚の位置を探る

第3章　研究の現場から　55

第1節　捕《と》ったウナギは大切に　56
1．ウナギの解剖《かいぼう》／2．耳石《じせき》／3．耳石《じせき》が語るもの――年齢《ねんれい》
／4．耳石《じせき》が語るもの――川と海の間の移動
第2節　子どものウナギが育つ場所　67
1．ウナギにとって重要な場所／2．若い黄ウナギが育つ場所
第3節　海と川を行き来する魚　71
1．体内の塩分を調節する／2．海と川を行き来する
／3．淡水《たんすい》と汽水、どちらが有利？／4．なぜ淡水《たんすい》に進入するのか
第4節　ウナギは何を食べている　81
1．エサを調べる方法／2．ウナギは何を食べている
／3．効率よく食べ物を探す
第5節　大きな頭と小さな頭　91
1．広頭型《こうとう》と狭頭型《きょうとう》／2．頭の成長／3．体の成長
／4．食べ物は無関係？

第6節　ウナギとアナゴ　99
1．ウナギとアナゴはケンカするのか／2．住み場所、行動時間、エサ／3．ケンカはしない／4．絶妙《ぜつみょう》なバランス／5．競争から逃《のが》れて淡水《たんすい》へ？
◆汽水

第4章　これからのウナギ研究——ウナギを守るために——　113

第1節　ウナギを守るために　114
第2節　ウナギ漁　115
1．ウナギ漁／2．ウナギ漁は悪いことなのか／3．ウナギ漁の問題はどこにあるのか
第3節　ウナギの放流　120
1．ウナギの放流／2．生態系に与《あた》える影響《えいきょう》
第4節　河川の環境《かんきょう》とウナギ　124
1．河川環境《かんきょう》の変化／2．失われるウナギの住み場所／3．水質の変化、生物の変化／4．河川の環境《かんきょう》とウナギ
第5節　自然再生とウナギ　132
あとがき　138

第1章　ウナギを研究する

第1節　なぜウナギ研究なのか

1. ウナギの一生

生まれた瞬間《しゅんかん》から、数千キロメートルにおよぶ旅が始まる。長大な距離《きょり》を移動するウナギの一生がその幕を閉じるのは、旅立った場所にもういちどもどり、次の世代へ命を引き継《つ》いだ時だ。

ウナギは海で卵を産んで、川で育つ。産卵する時には川を下って海にもどる。川で卵を産んで、海で育つサケとくらべると、ウナギはちょうどその反対だ。日本に生息しているウナギのほとんどは、ニホンウナギという種類で、卵を産む場所は、南の島として有名なグアム島やサイパン島を含《ふく》む、マリアナ諸島の北西にある。

遠い海で生まれた卵は、産み落とされて受精すると、一日半ほどで孵化《ふか》する。孵化《ふか》した赤ちゃんウナギは、しばらく成長すると、ヤナギの葉っぱのような形になって、フィリピンの近くまで流される。この、葉っぱのような形のウナギを、レプトセファルスと

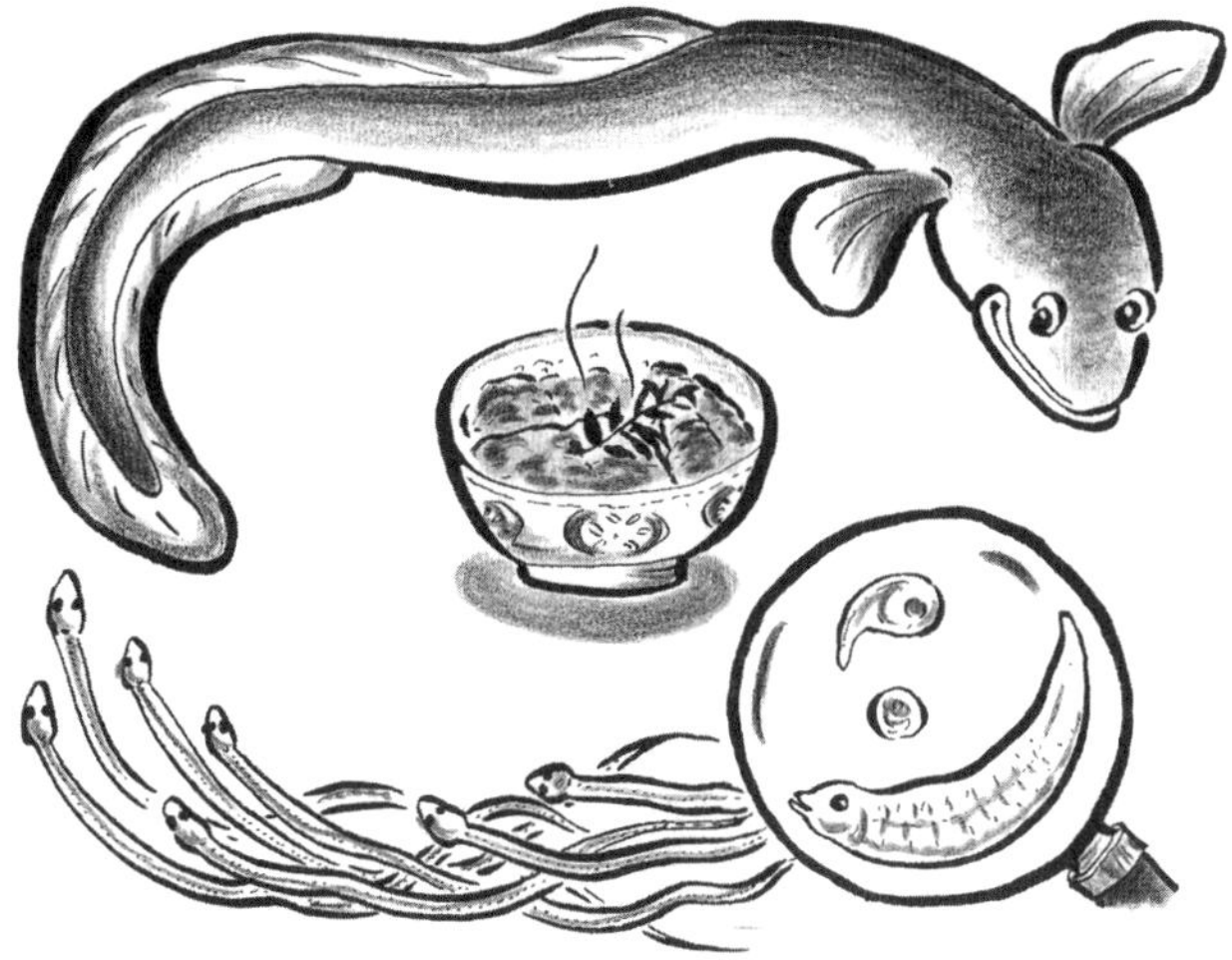

呼ぶ。フィリピンの近くで、レプトセファルスは黒潮という、北へ向かう海流に乗り換《か》えて、日本、中国、韓国《かんこく》、北朝鮮《きたちょうせん》、台湾《たいわん》など、東アジアの沿岸に近づく。沿岸に近づくと、レプトセファルスは細長い、ウナギらしい形に変わって、河川に入ってい く。このときのウナギの体長は六センチほどで、ほとんど色がない。体が白く透《す》き通っているために、シラスウナギと呼ばれる。

河川に入ったシラスウナギはだんだん色が濃《こ》くなってきて、写真や映像で良く見かける、いわゆるウナギと同じ姿になる。背中が黒っぽくて、お腹が白か、または黄色っぽいやつだ。この時期のウナギは、黄ウナギと呼ばれる。河川や湖、沿岸などでエサを食べて、大きく成長する時期で、人間が蒲《かば》焼《やき》として食べているのは、ほとんどがこの黄ウナギだ。

黄ウナギは、数年から十数年間かかって四〇センチから八〇センチくらいに成長すると、卵を産む準備を始める。ニホンウナギが卵を産む場所は、日本から遠く離《はな》れたマリアナ諸島の近くにあるから、そこまで行くためには、まず海に出なければならない。秋から冬の始めにかけて、ウナギは海に出て、卵を産む場所を目指す。海に出ていくウナギは、ひれも、背中も黒く、ギラギラと光沢《こうたく》をもつ。この状態のウナギは、銀ウナギと呼ばれる。銀ウナギは、性的な成熟が始まった状態だ。雌《めす》であれば卵を、雄《おす》であれば精子を持つようになる。河川や湖から海に出て、遠いグアムまで泳いで行く間に、だんだんとウナギの成熟が進んで、卵や精子が形成されていく。産卵場にたどり着いた時には、卵や精子は受精が可能な状態にまで育っているはずだ。

日本から遠く離《はな》れた太平洋の中、ウナギは自分たちが生まれた場所でふたたび出会い、卵を産む。

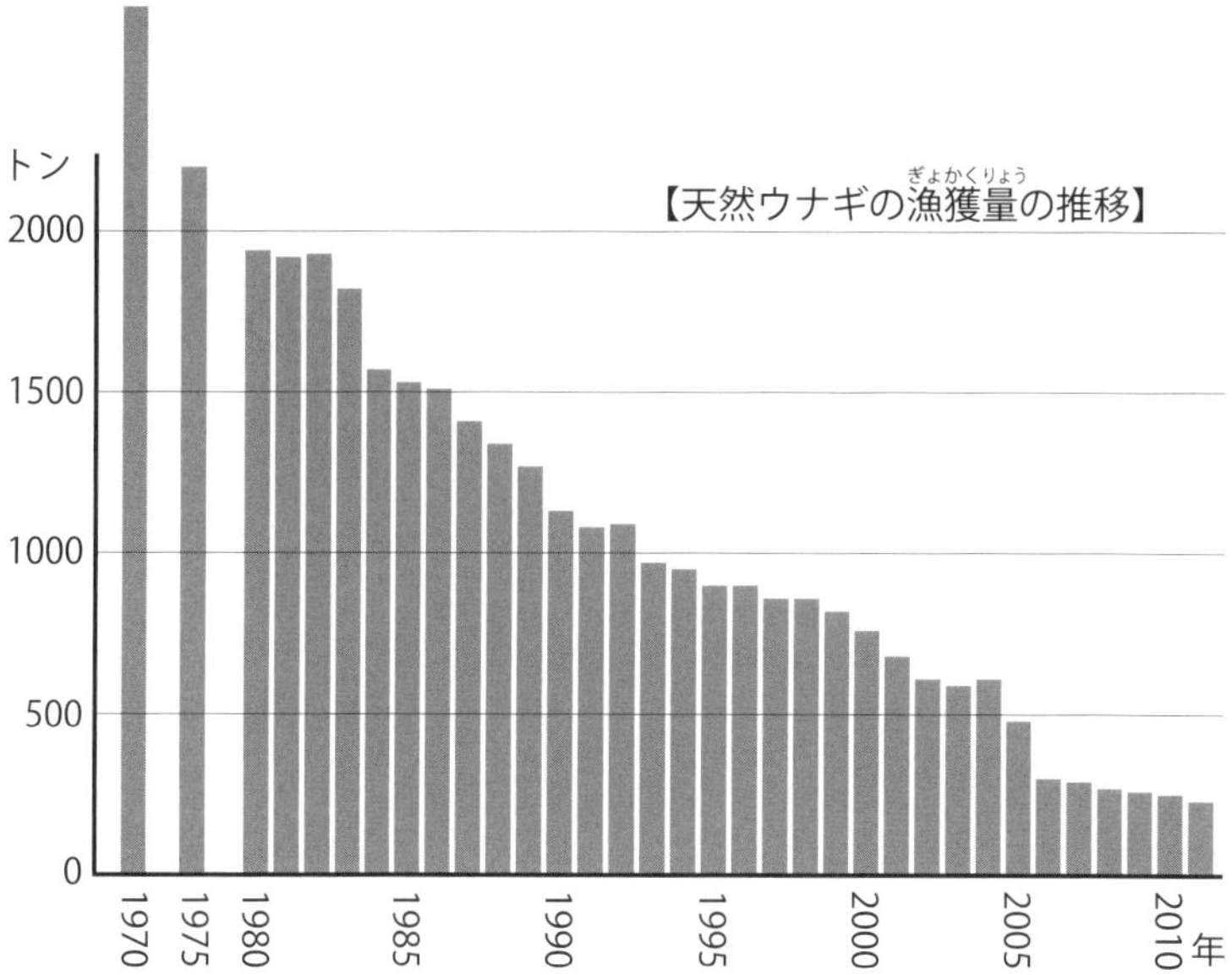

2. 減少するウナギ

いま、ニホンウナギは急速に減少している。一九七〇年代から二〇〇〇年代までの四十年間で、黄ウナギの漁獲量《ぎょかくりょう》も、シラスウナギの漁獲量《ぎょかくりょう》も、十分の一以下にまで減少してしまった。

二〇一三年の二月一日、環境省《かんきょうしょう》は、新しいレッドリスト（絶滅《ぜつめつ》のおそれのある野生生物の種のリスト）を発表し、ニホンウナギは絶《ぜつ》滅危惧種《めつきぐしゅ》に指定された。ニホンウナギが指定されたのは、絶滅危惧《ぜつめつきぐ》ＩＢ類というレベルで、その上には絶滅危惧《ぜつめつきぐ》ＩＡ類があるだけだ。ニホンウナギと同じ絶滅危惧《ぜつめつきぐ》ＩＢ類には、アマミノクロウサギやアカウミガメ、イヌワシなど、すでに多くの貴重な生き物たちが指定されている。ニホンウナギもこれらのめずらしい動物と同じように、絶滅《ぜつめつ》の危険にさらされていると判断された。現在のウナギの漁獲量《ぎょかくりょう》の減少速度から考えると、環境省《かんきょうしょう》によるこの判断は正しいだろう。ウナギはもともと数が多いので、漁獲量《ぎょかくりょう》が十分の一以下に減ったとはいえ、まだまだ身近な生き物だ。しかし、この勢いで数が減り続けて行けば、近い将来本当に絶滅《ぜつめつ》してしまうことだって、十分に考えられる。

それでも日本では、毎年五万トンから十万トンのウナギが、うな重やうな丼《どん》として食べられている。これら食用にされるウナギのほとんどは養殖《ようしょく》ウナギで、河川や沿岸で捕《ほ》獲《かく》された、いわゆる「天然ウナギ」ではない。しかし、養殖《ようしょく》といっても、ウナギの場合は、牛や豚《ぶた》のように、人間の管理のもとで産まれた子どもを育てているわけではない。養殖《ようしょく》ウナギは、マリアナ諸島の近くで生まれて、東アジアまではるばるたどり着いたシラスウナギを捕《つか》まえて、養殖池《ようしょくいけ》で育てたものだ。だから、もとはといえば、ウナギはみんな、太平洋生まれの天然ウナギだ。河川や沿岸に住む天然ウナギが少なくなれば、その子どもであるシラスウナギも少なくなる。そうなると、もちろん養殖《ようしょく》のウナギだって減ってしまう。将来もウナギを食べたいのなら、ウナギの数を増やすか、少なくともこれ以上減らさないように、人間がなんとか努力しなければならない。ウナギを食べない人だって、ひとつの生物種が絶滅《ぜつめつ》していくのを放っておいて良いはずがない。

それでは、ウナギを守るために何をするべきなのだろうか。残念なことに、それがまだ良くわかっていない。なぜウナギが減少しているのか、その理由もはっきりしない。情報が足りないから、ウナギをこれ以上減らさないためにどうすれば良いのか、よくわからない。それでも、ウナギは確実に減少を続けている。

ぼくが博士課程の学生として所属していた東京大学大気海洋研究所の行動生態研究室は、そんなウナギの研究を精力的に進めていた。研究室のメンバーには、ニホンウナギが卵を産む場所を特定し、ついに卵そのものを発見した研究チームの中心的存在である塚本勝巳《つかもとかつみ》教授のほか、ウナギの形を調べている人、ウナギの祖先を調べている人、熱帯のウナギを調べている人、シラスウナギを調べている人、ウナギのホルモンを調べている人、ウナギが産卵場へ泳いでいく経路を調べている人など、さまざまな研究をしている学生や教員、研究員たちが集まっていた。

【ウナギの産卵場所】

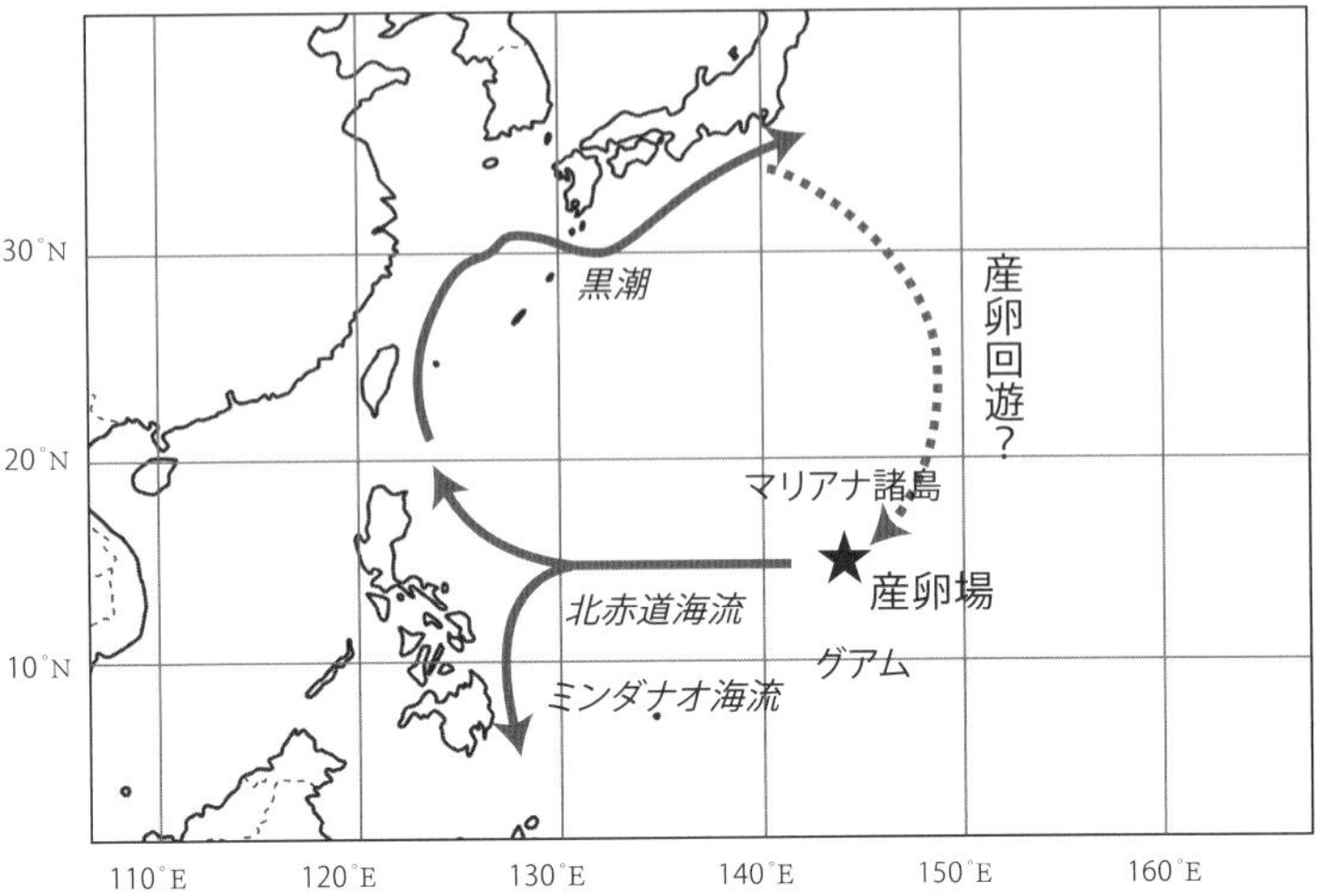

ぼくの研究テーマは黄ウナギだった。シラスウナギが河川に入ってきたあとに、銀ウナギとして産卵へ旅立って行くまでの間、子どものウナギが大きく成長する時期だ。黄ウナギは川や湖、河口の近くの沿岸などに生息している。人間のすぐそばで生活しているはずなのに、ニホンウナギの黄ウナギについては、どんな場所に住み、何を食べ、どのように成長しているのか、あまり良くわかっていなかった。ウナギにとって、どのような隠《かく》れ場所が必要なのか、どのようなエサが必要なのか、成長に適した場所はどのような場所なのか。かれらの生態がわかれば、ウナギを守るために何をすれば良いのか、見えてくることがあるはずだ。

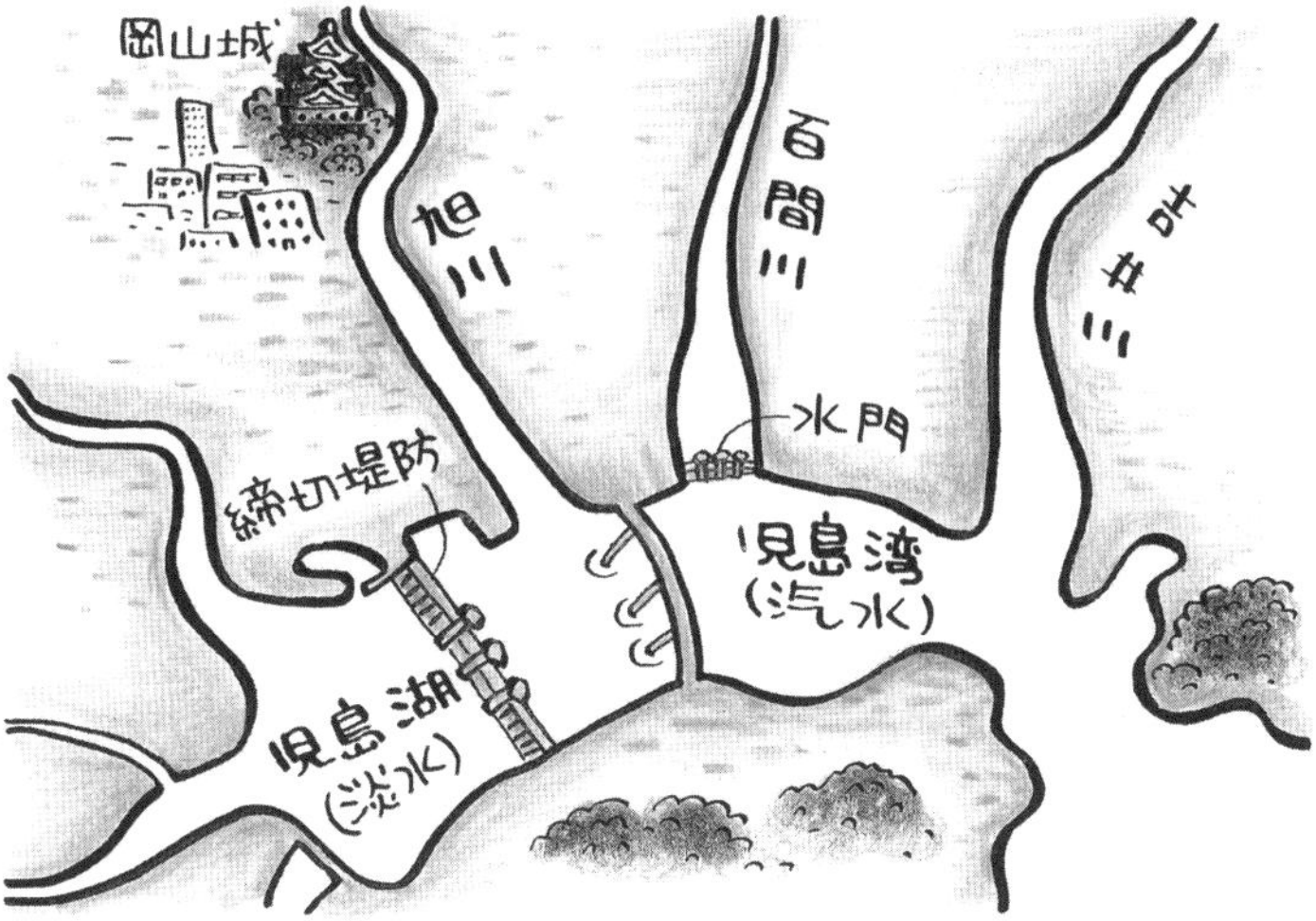

第2節　ウナギの調査を始める

1．旭川《あさひがわ》と児島湾《こじまわん》

ウナギの調査をする地域は、岡山《おかやま》県の旭川《あさひがわ》と児島湾《こじまわん》に決まった。この地域を調査地に選んだ最も重要な理由は、ウナギが捕《と》れることだ。旭川《あさひがわ》と児島湾《こじまわん》にはたくさんの天然ウナギが住んでいて、漁師さんが捕《と》ったウナギが、東京や大阪《おおさか》や、時には外国にまで出荷されている。特に、汽水域（海水と淡水《たんすい》の混じった水である汽水が存在する水域。河口やその近くの沿岸域）で捕《と》れるウナギの中には、体が緑っぽくて、頭が細いウナギがいて、「アオウナギ」と呼ばれている。漁師さんの話によると、特別においしいらしい。

旭川《あさひがわ》は、岡山《おかやま》県と鳥取県の県境に水源を持ち、北から南へ向かって流れている。途《と》中《ちゅう》、岡山城《おかやまじょう》や岡山県庁のすぐそば、岡山県でも一番大きな街を通って、児島湾《こじまわん》に流れこんでいる。旭川のうち、ほとんどの部分は淡水、つまり真水だが、この岡山城あたりから河口までの一〇キロほどは汽水域だ。旭川が流れこんでいる児島湾には、旭川のほかに、吉井川《よしいがわ》や、人間によって作られた百間川《ひゃっけんがわ》や児島湖《こじまこ》などからも、淡水《たんすい》が入ってくる。だから、児島湾《こじまわん》の水も、淡水《たんすい》と海水が混じり合った汽水なのだ。

汽水域は、淡水《たんすい》と海水が混じりあう場所だから、淡水《たんすい》を利用する魚もいるし、海水を利用する魚も見られる。ウナギの場合はどうだろうか。ウナギは、淡水《たんすい》も、汽水も、そして海水も生活の場所として利用できる。淡水域《たんすいいき》と汽水域は、彼《かれ》らの生活の場としてどのようなちがいがあるのだろうか。淡水域《たんすいいき》と汽水域のウナギを比べるために、旭川《あさひがわ》の淡水域、旭川の汽水域、そして汽水である児島湾《こじまわん》を含《ふく》む、全長約三五キロの範囲《はんい》で調査をおこなうことにした。

2. ウナギを研究するということ

野生動物の生態を調べるには、屋外での調査が欠かせない。屋外での動物調査には、観察、追跡《ついせき》、捕獲《ほかく》など、いろいろな形があるけれど、いずれにしても、研究をおこなう人間が、研究対象とする野生動物の生息する場所に出向いて、調査活動をおこなうことになる。外部の人間がやってきて、野外の調査活動を円滑《えんかつ》に進めるためには、調査に対する地元の人たちの理解が欠かせない。場合によっては、意見が対立することもあるし、そのために調査ができないことだってある。反対に、地元の協力によって、調査が素晴らしくうまく進む場合もある。いずれにしても、研究を進める人間は地域の方々に対して、研究内容をていねいに説明し、結果を報告する義務がある。地域の生き物を使って研究する以上、これはごく当たり前のことだろう。

二〇〇七年五月の始めに、ぼくは研究室の塚本《つかもと》教授ほか、研究室のメンバーとともに、岡山《おかやま》県へ向かった。ウナギの研究を始めるにあたって、関係する方々にごあいさつと調査の説明をするためだ。岡山《おかやま》では、児島湾《こじまわん》や旭川《あさひがわ》の漁師さん、岡山県庁の水産課、岡山県水産試験場（現在の岡山県水産研究所）などを訪問した。これからお世話になります。よろしくお願いいたします。

いよいよ二〇〇七年六月から、自分で調査を開始することになった。

「わしゃおえん」

「おえん」とは、岡山《おかやま》の言葉で、「ダメ」と言う意味だ。調査を開始しようと張り切って岡山にやって来た二〇〇七年六月。岡山県の、ある漁業協同組合（漁師さんの組合）の事務所でのでき事だった。このときは、ウナギを捕《と》るために必要な許可を得るため、漁業協同組合で調査の説明をしていた。

同席していた漁師さんの一人が、どうしてもウナギを捕《と》ることは許せないと、この発言に至ったのだ。そこをなんとかお願いしますと粘《ねば》ってみたら、最後には、座っていたパイプ椅子《いす》を蹴《け》って、事務所から出て行ってしまった。別の漁師さんからは、調査でウナギを捕《と》るのなら、捕《と》ったウナギと同じ数だけのウナギをよそから買って来て、ウナギを捕《と》った場所に放すように求められた。そんなことをしていたら、一年もたたないうちに研究費がなくなってしまう。どうやら、この調査はまったく歓迎《かんげい》されていないようだ。

ウナギは高価な魚だ。特に、天然ウナギとなれば、うな重一人前が五千円を超《こ》えることだってめずらしくない。当然、ウナギを捕《と》る漁師さんは一生懸命《けんめい》だ。これに対して、ぼくの調査では、ウナギを捕《つか》まえて解剖《かいぼう》する、つまりウナギを殺すことによって、研究を進めていく。漁師さんたちから見れば、よその土地からやって来てウナギを捕《と》ろうとする人間はじゃま者で、調査なんてさせたくないという気持ちになって当たり前だ。これが、だれも食べない、売り物にならない魚の調査だったら、なにもむずかしいことはない。「お金にもならない魚なのに、物好きだね」と言われながら、黙々《もくもく》と調査をすることになるだろう。ウナギの場合はそうはいかない。漁師さんから見れば、調査だろうが何だろうが、他人がウナギを捕《と》れば、それだけ自分の取り分が減るように感じるのだろう。

岡山《おかやま》でおこなう調査の第一の目的は、河川や沿岸に生息するウナギがどのような場所にすみ、何を食べ、成長しているのか、理解することにあった。河川や沿岸におけるウナギの生態を理解することができれば、ウナギを守るために何ができるのか、どのような環境《かんきょう》を取りもどせばウナギを増やすことができるのか、考えることができるかもしれない。

しかし、もしも調査がとてもとてもうまく進んで、その結果、非常に素敵な解決策が見つかって、最終的にウナギの数が増えたとしても、それは十年か、または何十年か先のことだろう。ウナギを捕《と》っている漁師さんにとっては、科学や遠い将来の話よりも、明日ウナギが捕《と》れるかどうかの方が重要に感じられるのも当然かもしれない。そもそも、岡山《おかやま》でウナギの調査をおこなうことによって、ウナギの数を増やすための解決策が見つかる保証はどこにもないのだ。

だからと言って今と同じ状況《じょうきょう》のままでは、いつかウナギがいなくなってしまうかもしれない。ウナギ漁をおこなうことも不可能になってしまうかもしれない。できる限り早く対策を打たないと、手遅《ておく》れになってしまう可能性がある。なんとかそのことを説明しようと試みたが、ぼくには力不足だったようだ。最後には、漁協の組合長さんに取りなしてもらって、どうにか調査をおこなえることになった。「まあ、せっかく調査をしてもらえるというのだから」と言ってくれた組合長。でも、調査に反対した人たちの不満が収まったわけではない。はじめの説明で失敗した分は、ていねいに調査の結果を報告することで取り返すしかない。とにかくがんばって調査して、報告をして、何とか理解してもらえるようにやってみよう。

3. 生活する

岡山《おかやま》県で何年にもわたってウナギの調査をおこなうためには、現地に泊《と》まりこむ必要がある。岡山で生活するための準備は、漁師さんたちが手伝ってくれた。まずは、寝《ね》る場所だ。幸い、すぐに適当な家が見つかった。四畳半《じょうはん》が二部屋、六畳《じょう》が一部屋、八畳《じょう》が一部屋、それに台所と風呂《ふろ》とトイレもついている、りっぱな一軒家《いっけんや》だ。物置もあるし、庭に車を止められるから、物を運ぶのにも便利だ。庭には水道もあって、調査道具を洗

【岡山の借家】

うこともできる。なにより、歩いて二分で海に出られる。このすばらしい家を、調査のための宿泊《しゅくはく》施設《しせつ》として借りることになった。

生活するには、家だけではどうにもならない。布団《ふとん》も、冷蔵庫も、ガスレンジも、机も、お皿も無ければハシも無い。これら、生活に必要な家具のほとんどは、調査に協力してくれる漁師さんたちや、その他ご近所の方々が提供してくれた。あっという間に、快適に生活できる、りっぱな家ができあがった。別の借家に引っ越《こ》すまで、二年間この家に住まわせていただいた。何しろ海が近いので、何かと便利だった。海

に出たところには、小さな船着き場があって、夜には漁師さんのウナギ漁を手伝うこともあった。

4．漁師さんに弟子入り

ウナギの調査をするのだから、ウナギを捕《つか》まえなければ始まらない。ウナギの捕《と》り方については何も知らなかったので、漁師さんに教えてもらうしかない。そこで、調査に協力してくれるウナギ漁師さんに弟子入りして、ウナギ漁を教わることにした。

はじめはまず、漁の手伝いだ。ぼくの師《し》匠《しょう》は、「はえ縄《なわ》」という方法でウナギを捕《と》る。「はえ縄《なわ》」とは、一本の長い縄《なわ》に、枝のようにたくさんの細い糸をつけ、その先の針にエサをつけて魚を釣《つ》る漁法だ。針のたくさんついた糸を使った釣《つ》りだと思えば良い。このはえ縄《なわ》でウナギを釣《つ》る場所は、旭川《あさひがわ》の河口と、児島湾《こじまわん》だ。

ウナギのはえ縄漁《なわりょう》をおこなうには、まずエサを捕《と》らなければならない。岡山《おかやま》県の児島《こじま》湾《わん》では、アナジャコという、干潟《ひがた》に穴を掘《ほ》って住む甲殻類《こうかくるい》の一種をエサに使う。はえ縄《なわ》一本には四十個の針がついていて、一回にこのはえ縄を十本ほど使う。だから、針の数は全部でだいたい四百個。そうすると、エサのアナジャコも四百匹《ぴき》必要になる。四百匹《ぴき》のアナジャコを、干潟《ひがた》をすきで掘《ほ》り返して捕《つか》まえる。これは重労働だ。干潟《ひがた》の泥《どろ》に深さ一メートルほどの穴を掘《ほ》り、アナジャコを探す。エサが無ければウナギが釣《つ》れるはずがないので、この作業をさぼるわけにはいかない。もちろん、夏は暑いし、冬は寒い。水面から干潟《ひがた》が顔を出す、干潮《かんちょう》の時間でなければアナジャコ掘《ほ》りはできないから、干潮が夜になる季節は、ヘッドライトをつけて作業する。作業が大変なだけでなく、児島湾《こじまわん》では干潟《ひがた》も減少し、アナジャコが捕《と》れる場所を探すこともむずかしくなってきている。

へとへとになりながら、なんとかエサのアナジャコを捕《と》ったら、つぎは、はえ縄《なわ》を仕《し》

【児島湾《こじまわん》を行くウナギはえ縄《なわ》漁船】

掛《か》ける。船外機付きの小さい船で、今日のポイントへ。児島湾《こじまわん》は小さな湾《わん》だから、ときには場所の取り合いになる。良い場所は早い者勝ちだ。親指ほどの大きさのアナジャコのお尻《しり》を、はえ縄《なわ》の針に引っ掛《か》けて、仕掛《しか》けを沈《しず》めていく。師匠《ししょう》が船を運転して、奥《おく》さんがはえ縄《なわ》にエサをつける。何十年もいっしょに漁をしているから、息はぴったり合っているはずだが、船のスピードが速すぎる、エサを付けるのが遅《おそ》すぎると、ときどきケンカもする。はえ縄《なわ》を仕掛《しか》けたら、陸に上がって少し休憩《きゅうけい》だ。

二時間ほど待ったら、すぐにはえ縄《なわ》を上げにいく。あまり長く縄《なわ》をつけておくと、針にかかったウナギが暴れて糸に絡《から》まり、死んでしまうからだ。ウナギは生きていなければ、商品として価値がない。はえ縄《なわ》を仕掛《しか》けた場所を回りながら、全部で四百本の針を上げるのだから、これもたいへんな労働だ。でも、この作業が一番楽しい。もちろん、獲物《えもの》がかかっているからだ。

ウナギを釣る漁師さんにとって、はえ縄《なわ》にかかっているものは二種類に分けられる。ウナギと、それ以外のものだ。ウナギは船の生《い》け簀《す》へ。それ以外のものは、「さかな」。クロダイも、スズキも、マゴチも、ぜんぶ「さかな」。ウナギ以外は「さかな」でしかない。多くの「さかな」は、海へ返される。「なんだ、さかなじゃ」と言いながら、漁師さんは、さかなを海にもどす。ときどき、晩のおかずになる。

ウナギが捕《と》れたら、それで終わりではない。漁師さんたちは、海に出ていない間もいそがしい。船や道具の手入れなど、漁に出るための準備があるからだ。ウナギ漁で使ったはえ縄《なわ》は、こんがらがって、もつれている。これをほどいて、きれいに整理しておかないと、次の漁で使えない。はえ縄《なわ》の整理以外にも、網《あみ》の修理、生《い》け簀《す》の修理、船の修理など、自分で使う道具は、ほとんどすべて自分で手入れをする。漁師さんは、すべての仕事が効率良く進むように、自分で段取りを考えながら仕事をする。これは、だれにでもできることではない。海に出ている漁師さんもカッコいいが、陸の仕事を段取り良く進める姿にもあこがれる。

岡山《おかやま》での生活を始めた最初のころ、漁師さんたちの仕事をよく手伝った。海に出て漁を手伝うことは、魚のことを知るために、これから調査をおこなう場所を理解するために、たいへん役立った。ここは春にウナギが釣《つ》れる。ここには、大きな石が沈《しず》んでいるから気をつけろ。一番おいしいウナギが釣《つ》れるのはこの場所だ。――しかし、だんだんと漁を手伝う機会は少なくなっていった。さぼったわけではない。自分の調査を本格的に開始したからだ。

5. ウナギを捕《と》る

調査のためのウナギを捕《と》る漁具として選んだのは、はえ縄《なわ》ではなく、この地域で「スッポン」と呼ばれる道具だった。「スッポン」とは、直径五センチくらいの筒《つつ》を、ロープでくくっただけの、単純なものだ。筒《つつ》の中には、魚が逃《に》げないようにする「かえ

【スッポンを作るための塩ビパイプを切る著者】

し」もなければエサもない。両側が開いている、ただの筒《つつ》を使う。この筒の束を沈めておいて、ウナギがそのなかで休んでいるところを、そっと引き上げて捕《つか》まえる。タコつぼの中に入って休んでいるタコを、つぼを引き上げて捕《つか》まえるのと同じ仕組みだ。

この道具を使うと、ウナギが食べているエサを調べることができる。ウナギがエサを食べた後に、筒《つつ》のなかで休んでいるところを捕《つか》まえるからだ。はえ縄《なわ》ではそうはいかない。はえ縄《なわ》という方法は、釣《つ》りと同じようにエサを使うので、空腹のウナギしか捕《つか》まえられない。しかも、捕《つか》まえたウナギはエサのアナジャコを食べた後だから、そのウナギがふだんは何を食べているのか、知ることができない。

これに対してスッポンには、自分で探し出したエサを食べて、満腹になったウナギが休みに入って来るはずだ。このウナギを捕《つか》まえてお腹の中を調べれば、ウナギがふだん何を食べているのか知ることができる。このような理由から、ウナギを捕《つか》まえる漁具として、スッポンを選んだ。

筒《つつ》に使ったのは直径五センチ、長さ一メートルの塩ビパイプ。このパイプを三本、ロープでまとめて一セットとする。三十セットを五メートル間隔《かんかく》で太いロープにくくりつけると、一組の「スッポン」のでき上がりだ。調査のために作ったスッポンは、一組がおよそ一五〇メートル。これを八組作った。口で言うのは簡単だが、四メートルの長い塩ビパイプを切って、一メートルのパイプを七百二十本作るところから始める。切ったパイプを三本ずつロープでまとめ、一五〇メートルのロープに結び付けていく作業は、なかなか大変だった。何人もの漁師さんや、研究室のメンバーに手伝ってもらって、ようやく完成し、旭川《あさひがわ》や児島湾《こじまわん》に設置したのは、二〇〇七年八月。初めて岡山《おかやま》を訪れた時から、すでに四か月が経っていた。

この後、二〇〇七年九月から二〇一〇年八月までの三年間、ほとんど毎月欠かさず、スッポンを使ってウナギを捕《と》った。三年間で捕《と》ったウナギは全部で五百五十八匹《ぴき》。児島《こじま》湾《わん》では、漁師さんから船外機付きのボートを貸してもらった。旭川《あさひがわ》では、櫓《ろ》を使って小さなボートを漕《こ》いだ。

アナジャコ（体長約10㎝）

第2章　ウナギ研究のいま

第1節　ウナギの産卵場調査

1．ヨーロッパウナギの産卵場調査

世界には、十九種類のウナギがいる。このすべてが、海で卵を産んで、河川や湖沼《こしょう》などの淡水《たんすい》で育つ。科学が発達した現在では、ウナギが遠い海で卵を産むことが広く知られている。しかしつい数百年ほど前までは、ウナギは卵を産まない魚だと信じられていた。どうしても卵を持ったウナギが見つからなかったからだ。

二〇〇〇年以上昔の哲学者《てつがくしゃ》であり、科学者でもあったアリストテレスは、「ウナギは泥《どろ》の中から自然発生する」と考えた。ウナギの卵は見つからないのに、毎年ウナギの子ども（シラスウナギ）がちゃんと河川に現れることを、どうにも説明ができなかったらしい。このほかにも、「ウマのしっぽの落っこちたのが成長してウナギになる」とか、「山芋《やまいも》が変身してウナギになる」なんて言い伝えもある。昔の人たちは、なぜ卵がないのにウナギが生まれるのか、不思議で仕方がなかったようだ。

ここからわかることは、昔の人が、「ウナギの卵が見つからない」ということに気づいていたということだ。このことは、すごいことではないだろうか。当時の人々が「ウナギの卵が見つからない」と考えていたということは、他の種類の魚の卵については、どの種類の魚がどのような卵を産むのか、すでに知っていたということだ。そして、「ウナギだけ卵が見つからないけれど、なぜだろう?」と、考えていたのだろう。人間が身の回りのことを知りたいと思う気持ち、説明したいと思う気持ちは、アリストテレスの昔も、現在もまったく変わらないのだ。

「ウナギの卵探し」はまず、「ウナギの赤ちゃん」を見つけることから始まった。ウナギの赤ちゃんを見つければ、その近くに卵を産む場所、産卵場があるはずだ。ウナギの赤ちゃんは、「レプトセファルス」と呼ばれ、ヤナギの葉っぱのような形をしている。実はこのレプトセファルス、あまりにおかしな形をしているので、ウナギとはまったく別の種類の魚だと考えられていた。しかし、育ててみると形が変わってウナギになる。レプトセファルスがウナギの赤ちゃんだということがはっきりとわかったのは、

【ニホンウナギのレプトセファルス】

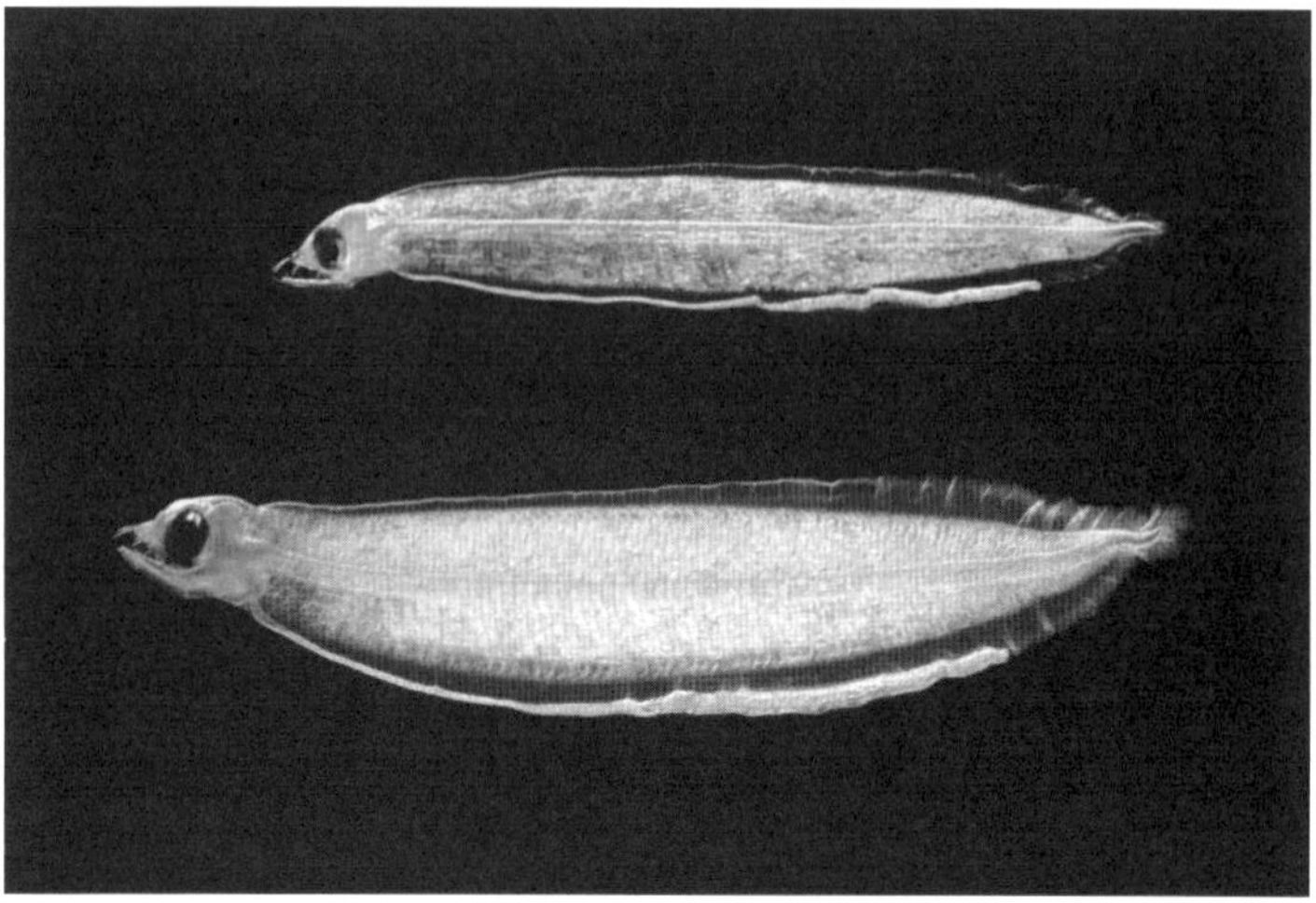

一八九六年と、わりと最近のことである。

ウナギの赤ちゃんであるレプトセファルスは、産卵場から海流によって海を流されて、河川や沿岸の成育場へ近づいてくる。海流に流されている間も、彼《かれ》らはエサを食べて成長する。だから、産卵場の近くには小さなレプトセファルスがいて、成育場に近い場所（産卵場から離《はな》れた場所）には大きなレプトセファルスがいるはずだ。この、小さなレプトセファルスを探し出して、ウナギの産卵場をおおよそ示したのが、デンマークの海洋学者ヨハネス・シュミット（一八七七〜一九三三年）である。彼《かれ》は、ヨーロッパを成育場とするヨーロッパウナギの産卵場を見つけるため

【大西洋のレプトセファルスの分布（シュミット、1922年より）】

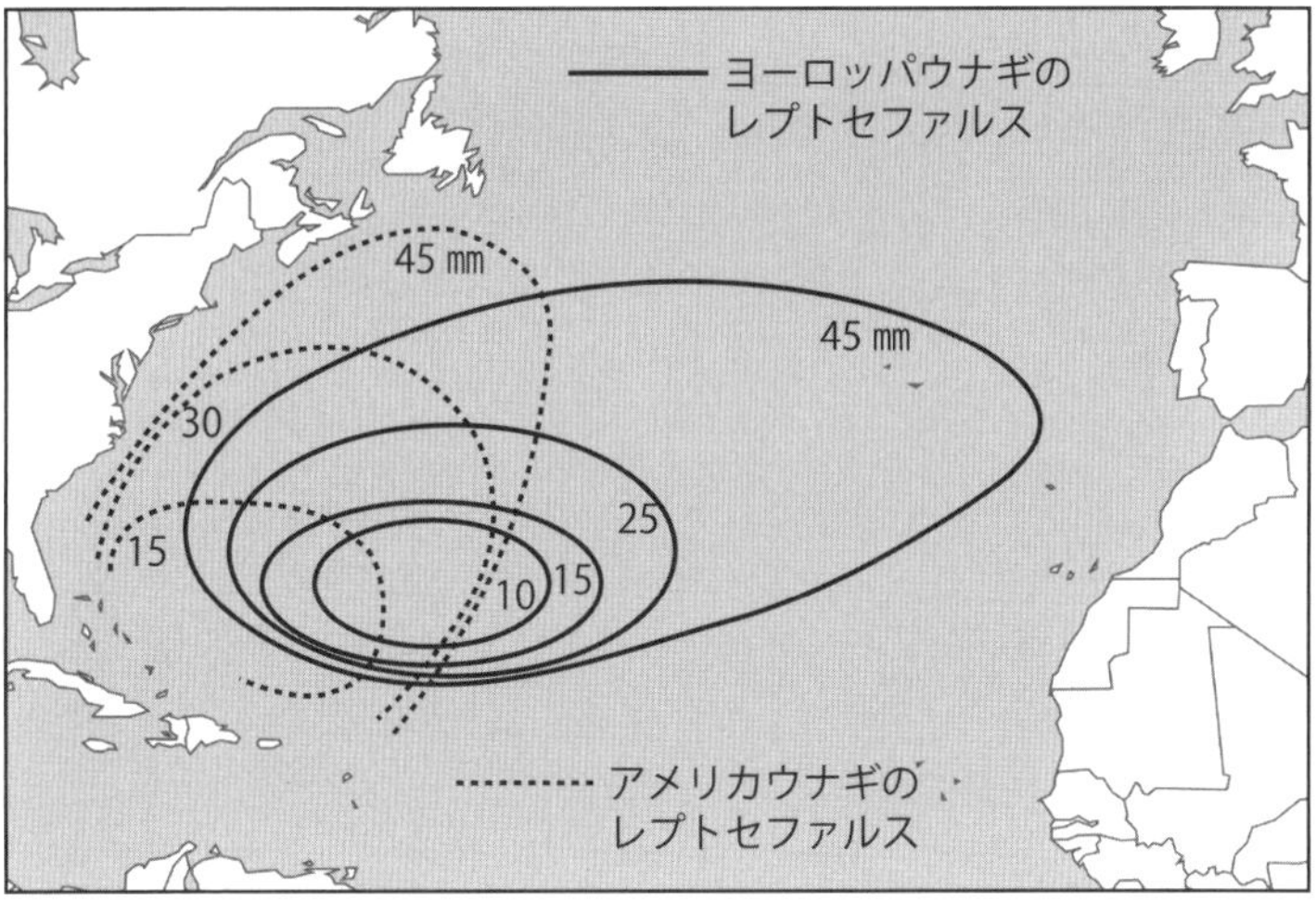

に、大西洋でレプトセファルスを精力的に採集した。

ある大きさのレプトセファルスが採れたら、その近くでもっと小さいものが取れる場所を探す。もっと小さいレプトセファルスが採れたら、さらに小さいものが取れる場所を探す。このようにして、より小さいレプトセファルスが取れる場所を求めていくと、一番小さいものが取れる場所は、バミューダトライアングルで有名な、サルガッソー海であることがわかった。一九二二年、おおよそではあるけれども、シュミットによってヨーロッパウナギとアメリカウナギの産卵場が、サルガッソー海周辺であることが示された。

2. ニホンウナギの産卵場の発見

二〇〇九年五月二十二日未明、ついに、人類が始めて天然のウナギの卵を発見した。この快挙を成しとげたのは、ぼくの大学院の先生である、東京大学大気海洋研究所（当時は海洋研究所）の塚本勝巳《つかもとかつみ》教授を中心とする、東京大学のほか、水産総合研究センター、九州大学、北里大学、北海道大学、水産大学校の研究チームだ。シュミットがヨーロッパウナギの産卵場を大まかに推定してから九十年近く経って、日本の研究チームが、ニホンウナギの天然の卵を発見した。ヨーロッパウナギでも、アメリカウナギでも、その他ウナギの仲間十九種類のうち、どの種類のウナギの卵だって、天然で産まれたものは、だれも見たことが無かった。

ニホンウナギの産卵場を探す調査が始まったのは、一九六五年、およそ五十年前のことだ。この後、東京大学の白鳳丸《はくほうまる》（現在は海洋研究開発機構 JAMSTEC に所属）など、さまざまな研究船によって産卵場調査が進められてきた。産卵場探しの基本的な方

【巨大《きょだい》なプランクトンネット（白鳳丸《はくほうまる》）】

針は、シュミットと同じだ。より小さいウナギが取れる場所を探して、広大な海の中で網を引く。

もちろん、シュミットの時代よりも、ずっと複雑な技術が使われている。まず、効率よくレプトセファルスや卵を捕獲《ほかく》できるように、巨大《きょだい》なプランクトンネットが開発された。また、人工衛星を利用して位置を計測するＧＰＳ（全地球測位システム）の発達によって、船の位置を正確に知ることができるようになった。水中音響学《おんきょうがく》の発達によって、海水の流れを、超音波《ちょうおんぱ》を使って水深ごとに計測することもできるようになった。そしてなにより、遺伝子を利用して生物の種類を特定できるようになった。この技術のおかげで、形だけではウナギかどうか判断できない、産まれたばかりの子どもや卵についても、ウナギなのか、別の種類の魚なのか区別できるのだ。これら、新しい技術はシュミットの時代には無かったものだ。しかし、基本的な方針は、技術が進んでも変わらない。「もっと小さいウナギを探せ」。

一九九一年、七・七ミリという、今まで採集されたレプトセファルスの中でも、最も小さいものを含《ふく》む、九五八匹《ぴき》のレプトセファルスが、マリアナ諸島の西側で捕獲された。このときの調査航海によって、どうやら、マリアナ諸島の近くにニホンウナギの産卵場所があるらしいということがわかった。さらに二〇〇五年、マリアナ諸島の北西にある、スルガ海山の近くで、卵から生まれて二日から五日しかたっていないニホンウナギの子どもが四〇〇匹《ひき》ほども捕獲《ほかく》された。この時期のウナギは、まだ卵黄（赤ちゃんが育つための栄養分）を吸収し切っておらず、体も葉っぱの形をしていないために、レプトセファルスになる前という意味で、プレ・レプトセファルスと呼ばれる。

ニホンウナギの卵は、受精してから一日半ほどで孵化《ふか》してしまうことが、人工的に産

【ニホンウナギの卵と、プレ・レプトセファルス】

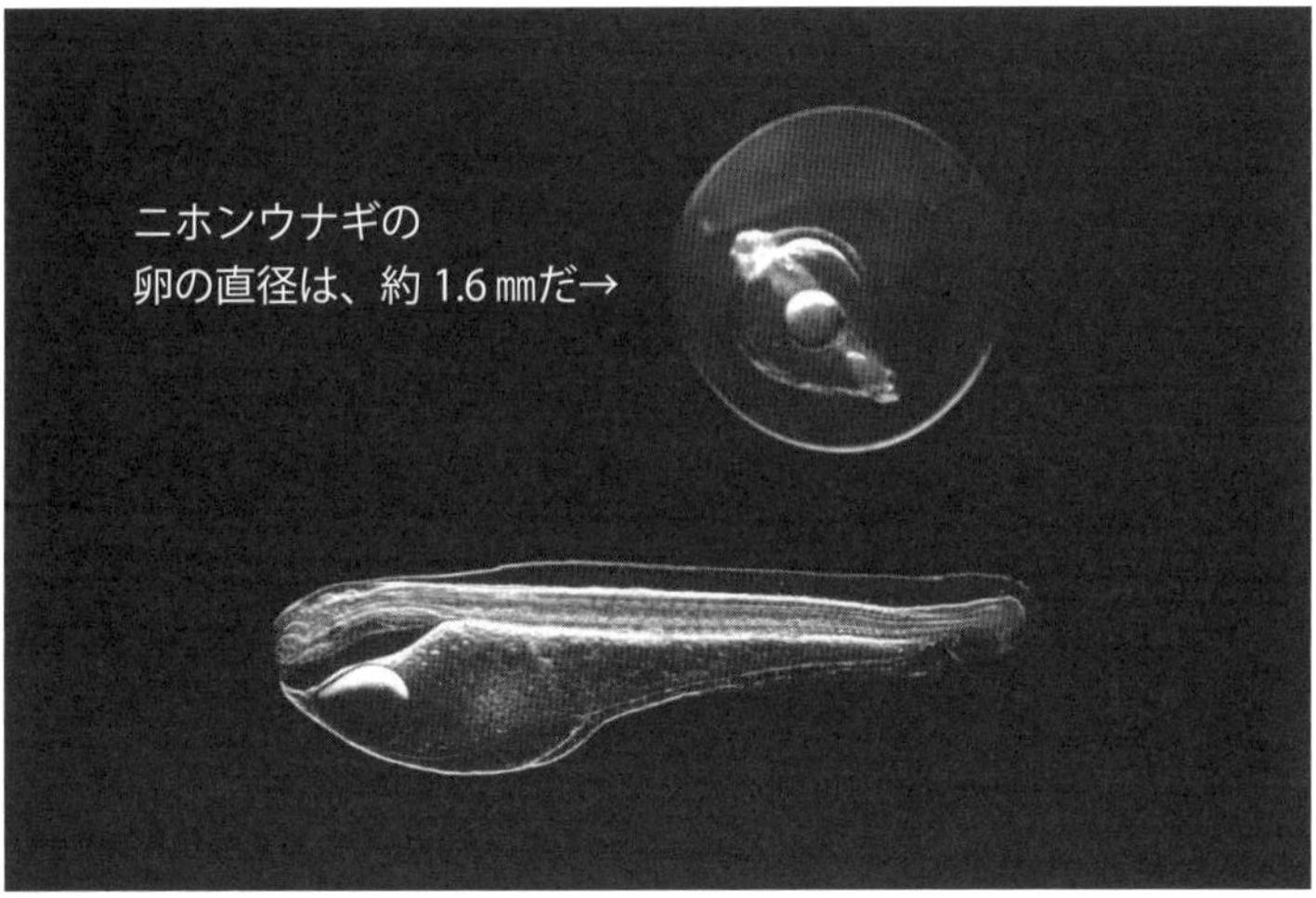

卵させた卵の観察からわかっている。ということは、このプレ・レプトセファルスは、卵が産まれてから、わずか四日から七日しか経っていない、生まれたてほやほやのウナギの赤ちゃんということだ。ウナギの産卵場は、プレ・レプトセファルスが捕《と》れた、この場所のすぐそばだ。ここに至ってようやく、ニホンウナギの産卵場が、マリアナ諸島北西海域であることが確かになった。

そして二〇〇九年五月、天然のウナギの卵が見つかった。ニホンウナギの産卵場調査が始まってから四十四年、シュミットによるヨーロッパウナギの産卵場の発見から八十七年、ついに人間とウナギの卵が対面する日が来た。その場所は、産卵場である北マリアナ諸島の北西に浮《う》かんでいる白鳳丸《はくほうまる》の研究室。人類と天然のウナギの卵との、史上初の対面は、劇的だったのだろうか。聞くところによると、そうでもないらしい。船で網《あみ》を曳《ひ》いて卵が採れたとしても、それがウナギの卵であるのかどうか、遺伝子を調べてみないとわからない。

研究船の上では、何回も、何回も巨大《きょだい》なプランクトンネットを曳《ひ》いて、捕《と》れた生き物を調べていく。ニホンウナギの卵と思われるものがあれば、まず顕微鏡《けんびきょう》で観察する。ウナギの卵である確率が高いということになったら、今度は卵の遺伝子を調べて、ようやくその卵がウナギのものであることが確認されるのだ。

映画に出てくる海賊《かいぞく》が、財宝を見つけて踊《おど》りだすような明るさはない。しかし、ついにウナギの卵を見つけたという興奮は、じわじわとわいてきて、いつまでもずっと、冷めなかったのではないだろうか。

3. ウナギは「なぞの多い魚」なのか

「ウナギってなぞが多い魚なんだよね？」と、よく聞かれる。産卵場がわかっていなかったことから、「ウナギはなぞの魚」というイメージが定着したようだけれど、現在でもウナギはなぞの魚なのだろうか。海には多くの魚がいる。魚以外にも、エビやカニの仲間、貝やイカやタコの仲間、クラゲや、目に見えないくらい小さな生物も含《ふく》めると、数えきれないくらいの生き物がいる。これらの中で、いったいどのくらいの生き物について、どの程度のことを、ぼくたち人間は知っているのだろうか。何を食べているのか、どうやって卵を産むのか、その生態について、何も知られていない生物がほとんどなのではないだろうか。そう考えると、近年劇的に研究の進んだウナギは、もはや特別になぞの多い魚とは言えないのかもしれない。

でも、そんな有象無象《うぞうむぞう》の生き物と比較《ひかく》してもしょうがないという意見もあるだろう。ウナギくらいに有名な、人気のある生き物で、ウナギほどなぞが多い魚もいないのではないか？　そんな疑問もわいてくる。しかし、その疑問も当たっていない。

たとえばスルメイカではどうだろうか。現在の日本では、家庭で最も多く食べられている魚介類《ぎょかいるい》はサケで、二番目はイカだ。イカの中でも、スルメイカの消費量は群を抜《ぬ》いている。一年に一度もウナギを食べない人は多くても、一年に一度もスルメイカを食べない人は、あまり多くないのではないだろうか。人気のあるスルメイカだけれど、スルメイカの天然の卵を見た人間は、だれもいない。すでに産卵場の位置はおおよそ解明されているけれど、天然の卵はまだ見つかっていないのだ。

ウナギと形が良く似たアナゴはどうだろうか。鮨《すし》や天ぷらの材料として人気の高いマアナゴの産卵場は、二〇一二年になってようやく、日本最南端《さいなんたん》の無人島、沖ノ鳥島《おきのとりしま》の近くにあることがわかった。しかし天然の卵は、いまだ発見されていない。

「卵の発見」を基準にすると、ウナギはスルメイカやマアナゴよりもなぞの少ない生物ということになる。それでは、なぜ「ウナギはなぞが多い」と言われるのだろうか。

その理由は二つある。

ひとつは、ウナギがなぞの魚とされてきた長い歴史。アリストテレスの昔から、ウナ

ギは卵を持たないなぞの魚とされてきた。近年、急激な研究の進展によって、「ウナギはどこで卵を産むのか？」という、最も大きななぞが解き明かされた。しかし、長年「なぞの魚」として扱《あつか》われてきたので、ひとはついついウナギのことを「なぞが多い」と考えてしまうのではないだろうか。

もうひとつの理由は、「わかってきたからこそなぞが深くなる」という、科学の世界に特有の現象だ。どのような生活をしているかまったくわからない生き物については、具体的な「なぞ」を設定できない。もっと言えば、その存在も知られていない生き物については、「なぞ」それ自体が成立しない。これに対して、その生態がよく研究されている生き物については、いろいろなことがわかってくる。わかってくると、次の「なぞ」が現れる。たとえば、ニホンウナギについては、グアム沖《おき》で産卵していることが確実となった。すると、次々と疑問がわいてくる。なぜ海で生まれたのに、河川に入るのか？　ウナギたちはなぜわざわざ危険を冒《おか》して、遠い東アジアまでやってくるのか？　親のウナギはどうやって産卵場までたどり着くのか？　広い海の中で、産卵にやって来たオスとメスのウナギたちはどうやってお互《たが》いを見つけるのか？　「ウナギのなぞ」は、ウナギの研究が進んでいるからこそ、深まっている。

第2節　ウナギ資源を守る

1．なぜウナギは減少しているのか

冒頭《ぼうとう》でも紹介《しょうかい》したように、現在ウナギは減少している。ウナギを絶滅《ぜつめつ》から守るために、おいしいウナギをこの先も楽しめるように、そしてウナギをめぐる様々な文化が消

【現在のウナギの養殖《ようしょく》は、ビニールハウス内でおこなわれている】

えてしまわないように、ウナギを守り、ウナギの数を増やすか、せめてこれ以上減らさない努力を払《はら》う必要がある。

まず、ウナギはなぜ減少しているのだろうか？　ウナギの数に影響《えいきょう》を与《あた》える原因として、①海洋環境《かんきょう》、②漁業、③河川環境《かんきょう》の三つが考えられている。

①海洋環境《かんきょう》……ウナギの子どもであるレプトセファルスは、海流によって、東アジアの成育場まで流されてくる。海洋環境《かんきょう》が変化すると、海流の流れが変わったり、渦《うず》の数が増えたりして、ウナギの子どもがうまく成育場までたどり着けなく

なってしまう場合が考えられる。

②漁業……日本では、ウナギの養殖《ようしょく》が盛んにおこなわれている。現在養殖《ようしょく》されているウナギは、東アジア沿岸で捕獲《ほかく》された、シラスウナギを育てたものだ。海で生まれて、東アジアまで長い旅を経てやって来たレプトセファルスが、細長いシラスウナギに変態し、さあこれから川へ入って成長しようというところを、人間が捕《つか》まえる。ウナギは高価な魚だから、シラスウナギも高く売れる。シラスウナギがやってくる場所では、季節になると多くの人たちがシラスウナギを捕《と》りにやってくる。もちろん、その影響《えいきょう》で河川に入るシラスウナギは減少するから、シラスウナギを捕《と》りすぎると、ウナギは減少するだろう。また、シラスウナギが成長した黄ウナギや、産卵場へ向かう銀ウナギを捕《と》ることも、シラスウナギ漁と同じように、またはそれ以上に、ウナギを減らしてしまう原因になっている可能性がある。

③河川環境《かんきょう》……ウナギは河川や、河口近くの沿岸域で成育する。しかし、河川や河口の近くには人間がたくさん住んでいて、環境《かんきょう》に大きな影響《えいきょう》を与《あた》えている。開発が進められるとともに、川のまわりの湿地《しっち》は失われ、岸はコンクリートで固められ、上流域に

はダムが造られ、河口は河口堰《かこうぜき》で海と遮断《しゃだん》される。ウナギが成長する河川の環境《かんきょう》が変化すれば、ウナギの数も減少してしまうだろう。

ウナギの減少には、大きくこの三つの原因が関わっていると考えられている。このうち、①の海洋環境《かんきょう》に関係している研究が、産卵場調査だ。産卵場調査では、産卵場が形成される環境《かんきょう》や、生まれた後のレプトセファルスが東アジアまで流されてくる過程を調べている。その結果、エルニーニョが起こった年には、シラスウナギの来遊量が少なくなることなどがわかってきた。次に、②のウナギ漁のうち、特にシラスウナギを捕《と》らなくてもすむように、人工的にウナギに卵を産ませる技術の開発がおこなわれている。このことについてはこのあとで詳《くわ》しく紹介《しょうかい》する。③の河川環境《かんきょう》については、人間に近い場所の問題だから、ずいぶん研究が進んでいても良さそうだ。しかし、この分野は、ニホンウナギの研究のなかでも、最も遅《おく》れている。これまでのニホンウナギの研究は、産卵場調査と養殖《ようしょく》技術の開発を中心としていて、足下の河川の中で、ウナギがどう成長していくのか、あまり研究されてこなかった。いま、ウナギの量が減少していくなかで、ようやく河川におけるウナギの成育期の研究が注目を集めるようになってきた。

2．完全養殖《ようしょく》の成功

二〇一〇年四月、世界で始めてウナギの完全養殖《ようしょく》に成功したというニュースが流れた。この快挙を成しとげたのは、水産総合研究センター増養殖《ぞうようしょく》研究所の研究チームだ。日本でウナギの養殖《ようしょく》が始まってからおよそ百三十年、ようやくたどり着いた成果だった。

まず、「完全養殖《ようしょく》」とはどういうことか。これは、飼育された状態で、動物の生活史を完結させることだ。生活史とは、生まれてから子どもを作るまでの、生物のたどる道のことだ。ウナギの場合、完全養殖《ようしょく》とは、飼育しているウナギが生んだ卵から子どもを育て、その子どもが大きくなって卵を産み、また次の子どもが生まれることを指す。この、卵から育って次の子孫を生んだウナギは、飼育された状態のまま生まれて、育ち、子孫を残している。飼育されたまま生活史を完結しているから、「完全養殖《ようしょく》」になるというわけだ。

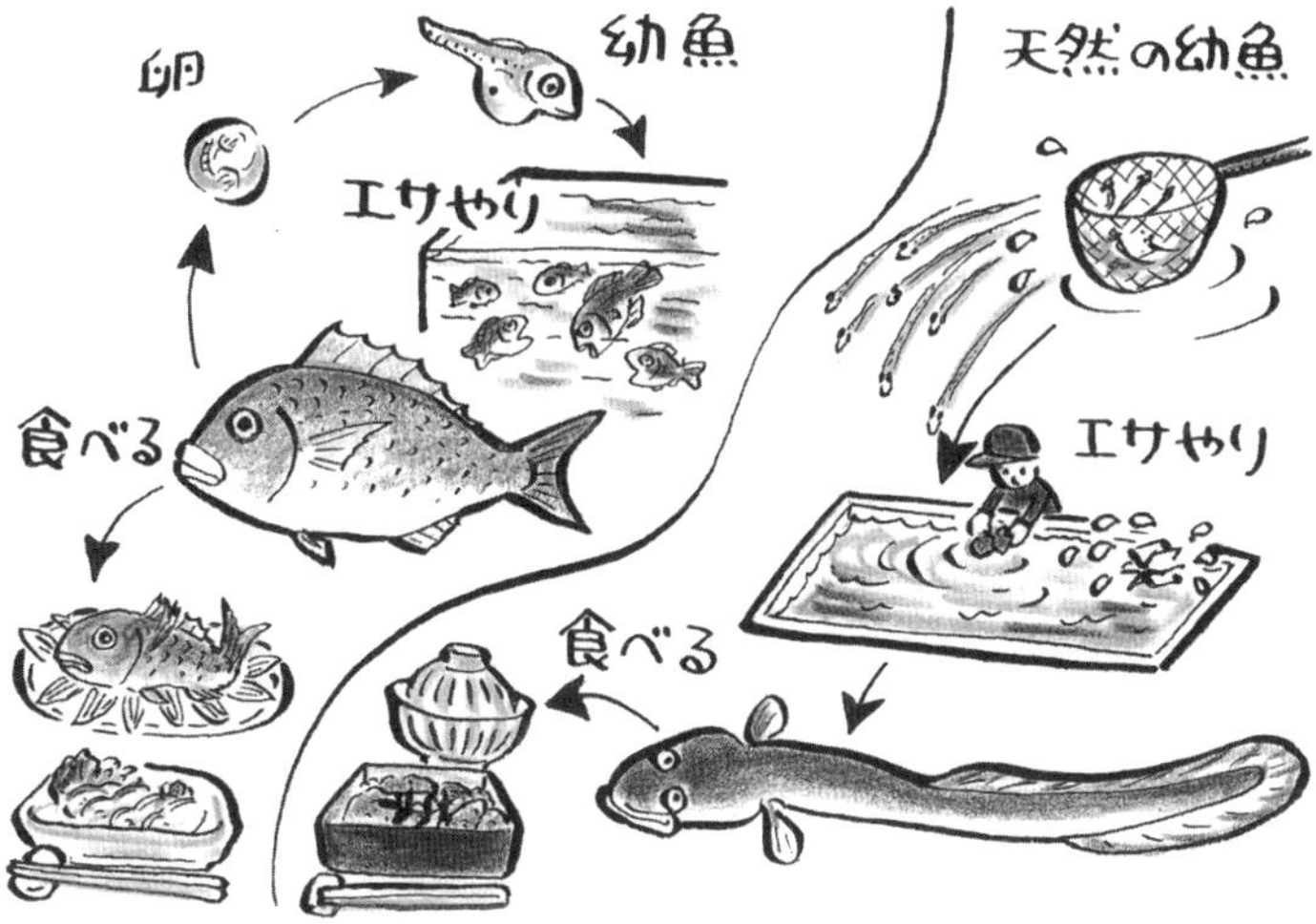

それでは、通常のウナギの養殖《ようしょく》とは何だろうか。これまでにも説明したが、現在おこなわれているウナギの養殖《ようしょく》とは、海で生まれ、成育場までやって来たウナギの子ども（シラスウナギ）を捕《と》り、それを養殖池《ようしょくいけ》で育てたものだ。現在流通しているすべての養殖《ようしょく》ウナギは、このようにして、天然のシラスウナギをもとに育てられている。

飼育しているウナギに子どもを産ませて育てることの、どこがそんなにむずかしいのだろうか。それはウナギの生態と強く関わっている。ウナギは遠い海で卵を生むから、川から産卵場まで、長い旅をする。ウナギはこの長い旅の間に卵を産む準備をするのだ。日本の川を出ていくのがだいたい秋の終わりから冬の始め、十月から十二月ごろだ。その後、数か月間にわたる旅のなかで、だんだんとお腹の卵が大きくなっていく。飼育水槽《すいそう》の中では、この長い、ながい旅の様子を再現することがむずかしい。だから、いくらウナギを長期間飼い続けても、卵は成熟しない。これが、ウナギに卵を産ませることがむずかしい理由だ。

さらに、生まれたウナギの赤ちゃんを育てるのもむずかしい。ウナギの赤ちゃんであるレプトセファルスはマリンスノーと呼ばれる、海の中に浮《う》かんでいる有機物を食べている。しかし、マリンスノーを飼育水槽《すいそう》の中に再現することは困難だ。食べ物も用意できないのでは、ウナギの赤ちゃんを育てることがむずかしいのは当然のことだ。

現在は、ウナギに卵を生ませ、その卵から生まれた子どもを、親のウナギにまで育てることができる。しかしまだ、蒲焼《かばやき》で使うウナギとして売り出せる段階ではない。飼育に費用がかかりすぎるからだ。現在の技術で卵から育てたウナギを売るとすれば、一匹《いっぴき》数万円以上になるという。これでは高すぎてだれも買ってくれない。今後、さらに技術が進展し、完全養殖《ようしょく》にかかる費用を抑《おさ》えることができれば、海で生まれた天然のウナギではなく、水槽《すいそう》の中で生まれた完全養殖《ようしょく》ウナギが、蒲焼《かばやき》屋さんで調理されることになるのかもしれない。そして、もしもうまくいけば、産卵場からがんばってやって来たシラスウナギを、養殖《ようしょく》のために捕《つか》まえないでも済むようになるかもしれない。そうすれば、いまよりも多くのシラスウナギが河川に入って、大きく成長するようになるのだろうか。ウナギを増やすことにつながるのだろうか。

3．完全養殖《ようしょく》はウナギを救うのか

完全養殖《ようしょく》がうまく成功して、鰻屋《うなぎや》さんが使うウナギを、すべて水槽《すいそう》の中で作り出すことができるようになれば、ウナギは救われるのだろうか。現実は、そう簡単ではない。完全養殖《ようしょく》によって対応できるのは、始めに示した、ウナギ減少の三つの原因（①海洋環《かん》境《きょう》、②ウナギ漁、③河川環境《かんきょう》）のうち、②のウナギ漁のなかの、そのまたシラスウナギ漁に限られる。

シラスウナギ漁がおこなわれなくなっても、黄ウナギや銀ウナギを捕《と》り尽《つ》くしてし

【ニホンウナギのシラスウナギ】

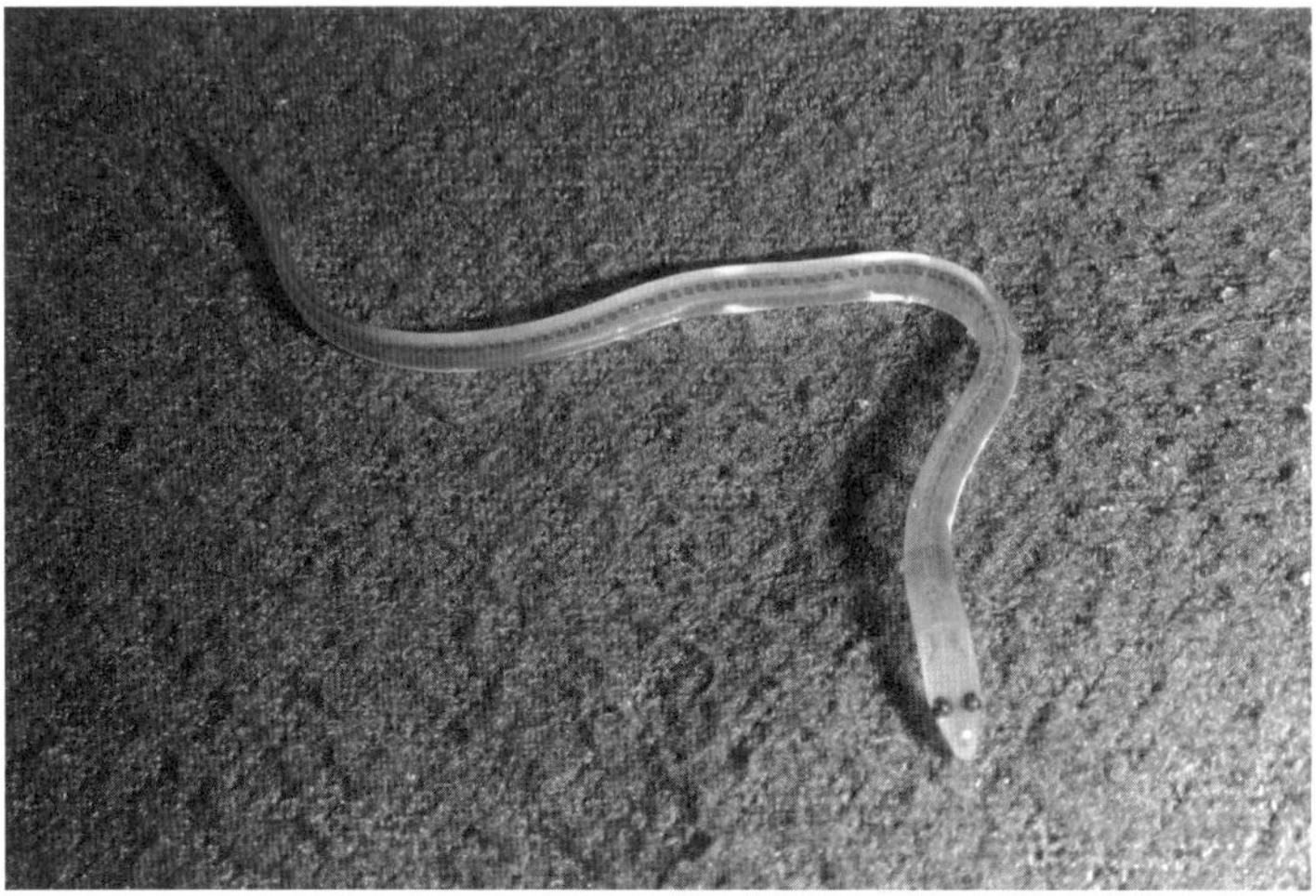

まったら、ウナギは絶滅《ぜつめつ》してしまう。また、海洋環境《かんきょう》と河川環境《かんきょう》が大きく変化すれば、天然のウナギが減ってしまう可能性は十分にある。ウナギの数の増減には、複数の原因が、複雑に関係していると考えられる。養殖《ようしょく》技術の発展は、食卓《しょくたく》を豊かにすることはできるかもしれない。でも、それだけで天然資源を守ることができるわけではない。

それでは、①海洋環境《かんきょう》と、③河川環境《かんきょう》について、人間はどのように取り組めば良いのだろうか。このうち、①の海洋環境《かんきょう》については、多くの研究者が研究に取り組んでいる。しかし、なにしろ規模が大きい問題であるために、すぐに状況《じょうきょう》を変化させることはむずかしい。これに対して、人間がすぐにでも対応できる、そして対応しなければならないのが、③の河川環境《かんきょう》だ。ウナギの成長に適した環境《かんきょう》を取りもどすことができれば、ウナギを増やすことに役立つだろう。しかし、先にも述べたように、河川で、沿岸で、ニホンウナギがどのように成長しているのか、何を食べているのか、いまだによくわかっていない。東京大学大気海洋研究所の行動生態研究室は、ちょうどぼくが入学する数年前から河川・沿岸における黄ウナギの研究を、静岡《しずおか》県の浜名湖《はまなこ》などで進めていた。そして、ぼくも研究室の一員として、岡山《おかやま》県で黄ウナギの研究をおこなうことになったのだ。

◆水の中の魚の位置を探る

動物はどんな場所を利用して生活しているのか、その行動を詳《くわ》しく調べるには、一日を通じて動物を追跡《ついせき》する必要がある。最も正確な方法は、人間が実際に追いかけて、自分の目で観察することだけれど、水の中で魚を一日中追いかけるのは、むずかしい。人間が追いかけることができない場合は、動物に発信器を付けて、居場所を見つけだす方法が使われる。陸上では、電波発信器が使われるが、水は電波をほとんど通さない。このため、魚の追跡《ついせき》をおこなうときには、超音波《ちょうおんぱ》発信器が利用される。

魚に超音波発信器を装着して、水の中に放す。水中にあらかじめ超音波の受信機を置いておくと、魚から発せられた超音波を受信できる。後で受信機を引き上げて解析《かいせき》すると、その魚がいつ、どの位置にいたのか、知ることができる。魚に取り付ける超音波発信器に、特殊《とくしゅ》なセンサーを内蔵することによって、その魚の存在する水深、周囲の温度、酸素の量や、魚の動きを計測することもできる。

超音波《ちょうおんぱ》を使ってウナギの行動を追跡《ついせき》した研究は、すでにいくつかの事例があるが、まだまだ精度が低い。現在、魚の位置を計測する精度は、格段に高くなっていて、およそ1m程度の誤差で魚の位置を確認できるシステムが開発されつつある。日本でこのシステムの開発を進めているのが、京都大学の生物資源情報学研究室と、株式会社アクアサウンドだ。超音波を使って魚の行動を調べる装置の開発を、精力的におこなっている。このシステムを使ってウナギの行動を追跡すれば、ウナギが食べ物を探している場所が、休んでいる場所が、それぞれどのような環境《かんきょう》であるのか、詳《くわ》しく知ることができるかもしれない。そうすれば、ウナギの住んでいる場所を守るために、何が必要なのか、明らかになってくるはずだ。

第3章　研究の現場から

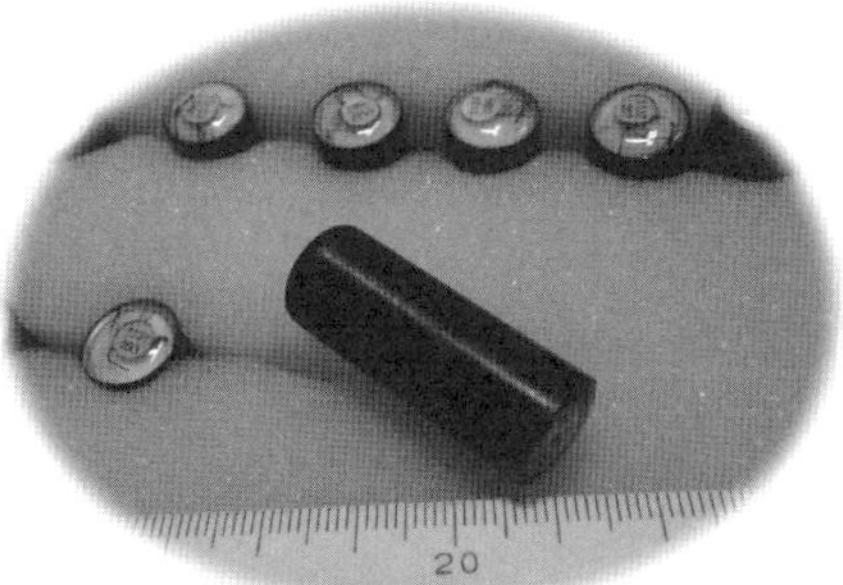

【超音波《ちょうおんぱ》発信器】

第1節　捕《と》ったウナギは大切に

1. ウナギの解剖《かいぼう》

調査で捕《と》れたウナギは、いつどこで捕れたかわかるように、捕れた場所と日付を書いた札といっしょに、一匹《いっぴき》ずつ袋《ふくろ》に入れる。札には、耐水紙《たいすいし》といって、水に溶《と》けない特殊《とくしゅ》な紙を使う。耐水紙《たいすいし》に情報を記入するときには、鉛筆《えんぴつ》を使う。ボールペンのインクは水に溶《と》けてしまうし、油性ペンはペン先が水にぬれると書けなくなる。シャープペンシルは、砂や泥《どろ》がすきまに入ると芯《しん》を出し入れできなくなってしまう。野外では、構造が単純な鉛筆《えんぴつ》が、いちばん信頼できる。

ウナギを入れる袋《ふくろ》は、タマネギなどを入れてつるしておくために売られている、ナイロンの網《あみ》でできたものだ。ウナギが捕《と》れたらこの袋《ふくろ》に入れて、船の上ですぐに氷に漬《つ》ける。これは、ウナギの体温を低くすることによって、ウナギが暴れないようにするとともに、胃の中に入っているエサの消化を遅《おく》らせることを目的としている。その日捕《と》れた

【ウナギの胃の内容物（アルコール漬《づ》けで保存する）】
（左２つがアメリカザリガニ、右の２つはアナジャコ。）

ウナギは、こうして網《あみ》の袋《ふくろ》に入ったまま、借家に持ちこまれる。

ウナギを捕《と》ったあとは、計測と解剖《かいぼう》をおこなう。まずは全長と体重。その後、頭の形、ひれの大きさ、目の大きさ、肛門《こうもん》の位置など、いろいろな部分を計測する。計測の次は解剖《かいぼう》だ。肛門《こうもん》から腹を開き、まず胃袋《いぶくろ》の中に入っているものを確認する。胃の中に食べたものが入っている場合は、その重さを量り、種類を確かめて、小さなビンに入れて保存する。次に腸、胃、肝臓《かんぞう》の重さを量る。さらに生殖腺《せいしょくせん》（精子をつくる精巣、または卵をつくる卵巣）の形から雄《おす》と雌《めす》のちがいを区別したら、その重さも量る。これで計測は終了《しゅうりょう》。最

【ニホンウナギの耳石（１目盛りは１㎜）】

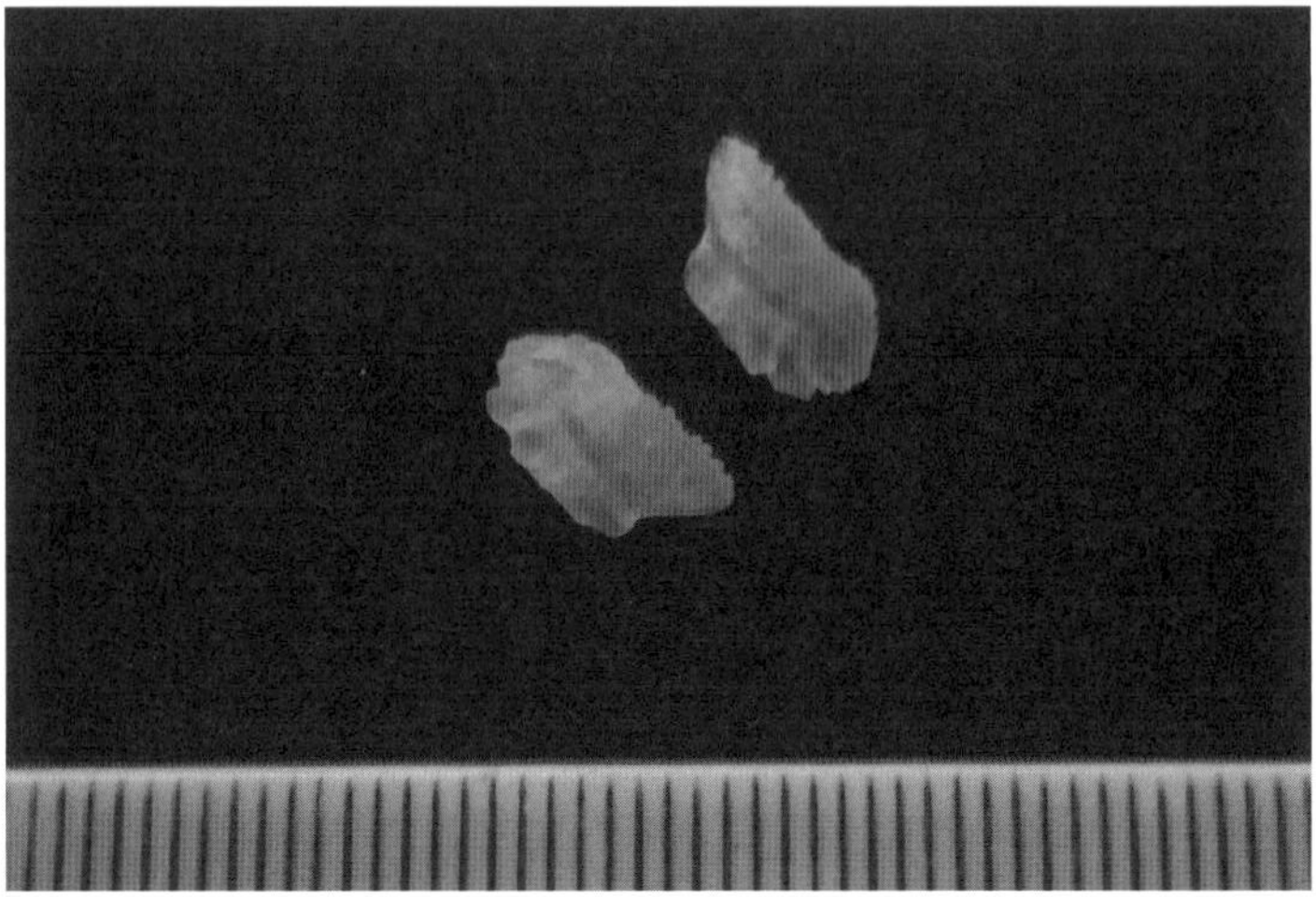

後に耳石《じせき》というものを取り出す。耳石《じせき》は、頭の中に入っている炭酸カルシウムのかたまりだ。ウナギの場合、数ミリから数センチ程度の大きさがある。この耳石が非常に重要な情報を与《あた》えてくれる。その内容は、すぐ後で説明する。

このほか、必要に応じて筋肉、ひれ、肝《かん》臓《ぞう》、生殖腺《せいしょくせん》、胃袋《いぶくろ》、腸、脳、脳下垂体《のうかすいたい》の一部を採取し、保存する。これらの試料《しりょう》は、共同で研究をしている研究者が持ち帰り、その中に含《ふく》まれる、食欲や成長に関係するホルモンを計測する。貴重なウナギなので、解剖《かいぼう》したものからは、できる限りたくさんのデータを絞《しぼ》り出す。

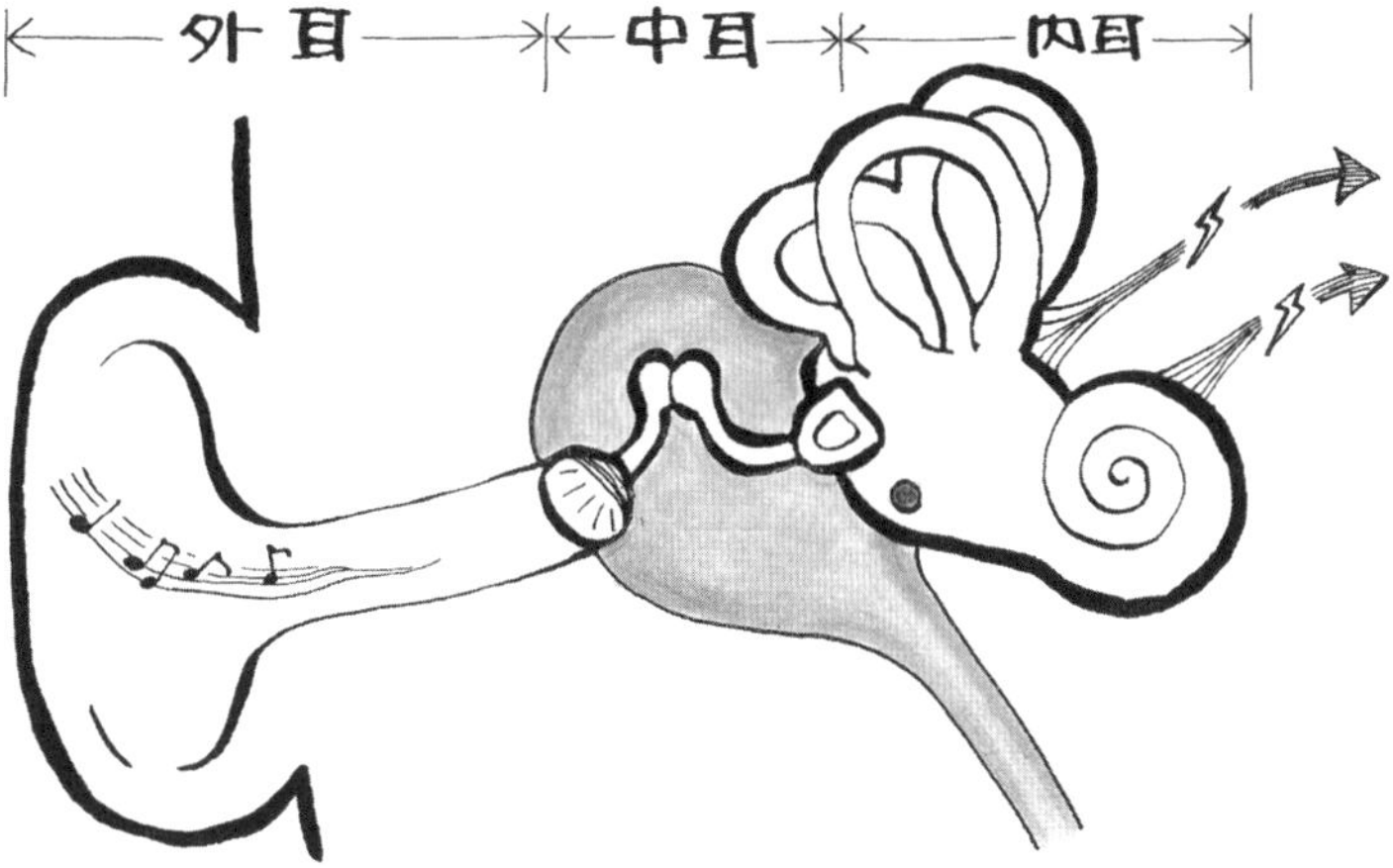

人間の耳のしくみ

2. 耳石《じせき》

耳石とは、頭の中の内耳という器官の中にある炭酸カルシウムのかたまりだ。内耳とは、平衡《へいこう》感覚や聴覚《ちょうかく》に関係する感覚器官のことで、人間も持っている。

　人間の場合、頭の横にくっついているものを「耳」と呼ぶ。しかし、この、指でつまめる「耳」は、正確には「耳介《じかい》」と呼ばれる。耳介《じかい》は音を集める装置であって、実際に音を感じる装置ではない。耳介《じかい》で集められた音は、鼓膜《こまく》によって振動《しんどう》に変換《へんかん》される。鼓膜《こまく》で生じた振動《しんどう》は、耳小骨《じしょうこつ》と呼ばれる器官で増幅《ぞうふく》され、うずまき管に伝えられる。このうずま

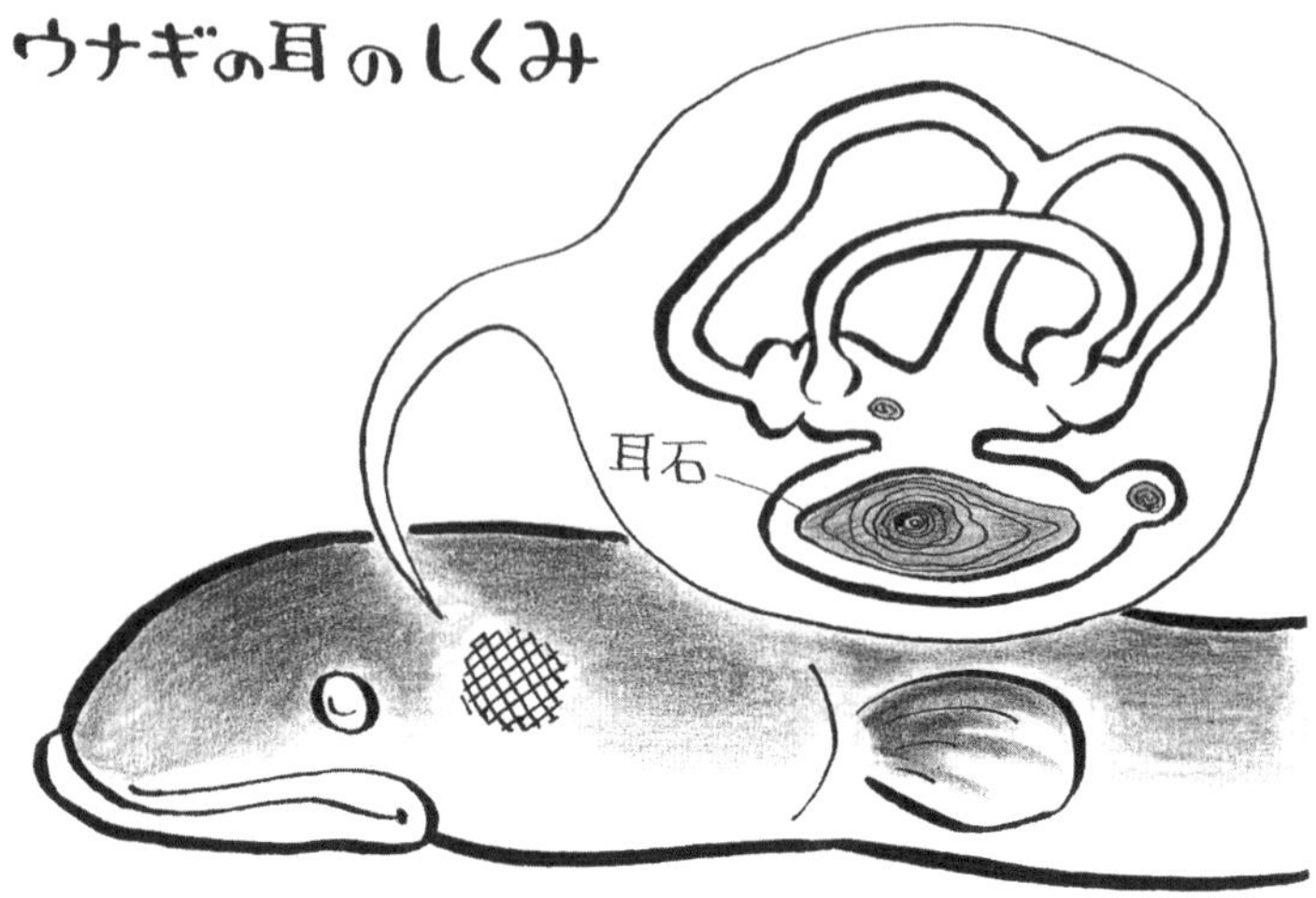

き管が、音を「感じる」器官だ。このほか、人間は平衡《へいこう》感覚や自分の体の動きを感じるために、半《はん》規《き》管《かん》と前庭《ぜんてい》という器官を持っている。

これら、音に関する器官のうち、耳介《じかい》から鼓膜《こまく》の手前までを外耳、鼓膜《こまく》と耳小骨《じしょうこつ》を中耳、うずまき管と半規管および前庭と、これらに接続する神経を内耳という。外耳と中耳は、音を集め、振動《しんどう》に変換《へんかん》し、増幅《ぞうふく》する装置で、最終的にこの振動《しんどう》を刺激《しげき》として「感じる」のが内耳だ。

魚の内耳は、人間の内耳と起源が同一で、おおよそ似た機能を持っている。内耳の中にある耳石は、曲がると信号を出す感覚毛にくっついている。魚の体が傾《かたむ》くと、耳石も傾《かたむ》いて感覚毛が曲がる。感覚毛が曲がると、曲がったことを知らせる信号が神経を通じて脳に伝えられる。こうして、魚は自分が傾《かたむ》いていることを知ることができる。また、魚が動き出したり、止まったりすると、耳石はバスの中にいる人間みたいに、止まった時は前方に、動き出した時は後方に振《ふ》り回される。こうして耳石にくっついた感覚毛が曲がると、魚は自分がどのように動いているのか、知ることができるのだ。

3. 耳石《じせき》が語るもの——年齢《ねんれい》

魚の耳石から得られる情報のひとつに、年齢《ねんれい》がある。耳石は成長とともに大きくなるが、このとき、耳石を形成する炭酸カルシウムは、あとから、あとから積み重ねられていく。つまり、耳石の中心には、その魚の生まれた時に作られた物質が存在し、耳石の一番外側には、最近作られた物質が存在するということだ。これに対して、骨や筋肉などは、常に新しい物質と置き換《か》わっている。耳石は、物質が積み重ねられる、特殊《とくしゅ》な組織だといえる。

【耳石の年輪】

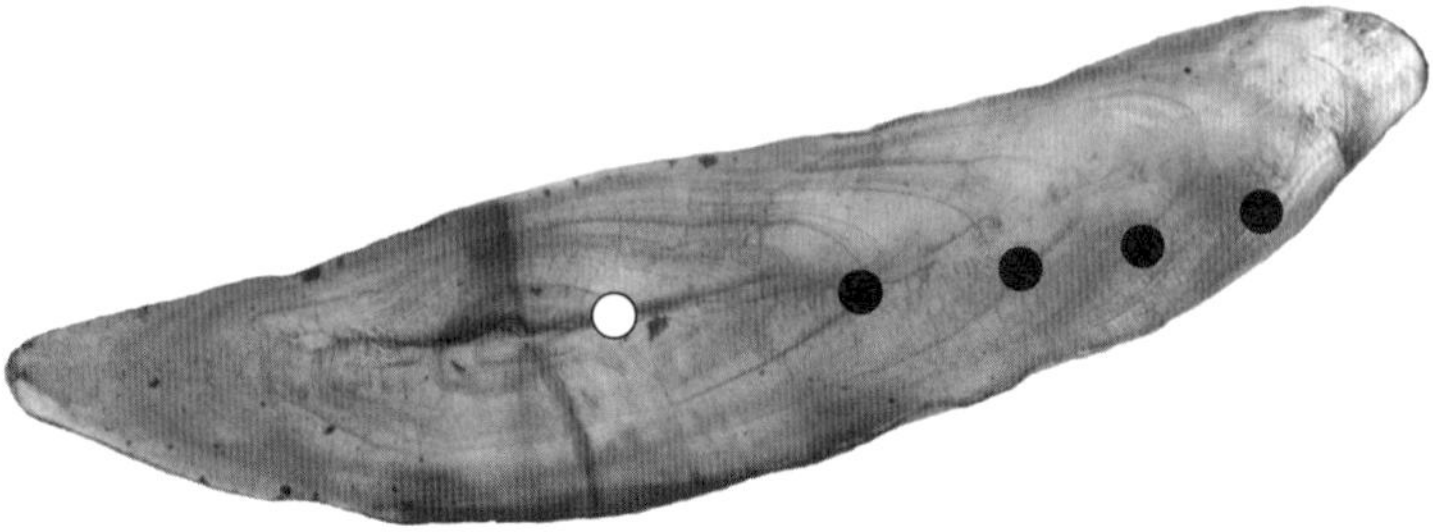

○はシラスウナギとして河川または沿岸にやってきた時期を、●は年輪を表す。このウナギは、河川または沿岸にやってきてから４年がたち、５年目に入ったところで捕まえられた。

耳石の成長の速さは、魚の成長の速さに影《えい》響《きょう》を受ける。魚が速く成長する時期には、耳石も速く成長するし、魚の成長が遅《おそ》いときは、耳石の成長も遅《おそ》くなる。水温が高く、魚が活発に活動する夏は、魚の成長も、耳石の成長も速い。しかし、冬になって水温が低下すると、どちらも成長が遅《おそ》くなる。このため、耳石の中には、樹木と同じように年輪が形成される。この年輪の数を数えることによって、捕《つか》まえた魚の年齢《ねんれい》を知ることができるのだ。

耳石の年輪を数えるためには、年輪がきれいに見えるように、磨《みが》き上げる必要がある。岩石を削《けず》るために作られた機械を使って、耳石を削《けず》る。ときどき顕微鏡《けんびきょう》で確認しながら、核《かく》と呼ばれるちょうど真ん中の点が表面に出るようにする。それからきれいに磨《みが》くと、年輪が読めるようになる。この作業は、細かい仕事だし、根気がいる。耳石の核《かく》の直径は一ミリの百分の一程度の大きさだから、ちょうどこの核《かく》が表面に出るように耳石を削《けず》るのは、なかなかむずかしい。

細かい作業は苦手なので、耳石を削《けず》るのはとても苦労した。研究室の先輩《せんぱい》がていねいに教えてくれたから、なんとかやりとげることができた。

4. 耳石《じせき》が語るもの——川と海の間の移動

耳石からは年齢《ねんれい》のほかに、住んでいた場所の環境《かんきょう》を知ることができる。耳石には、成長とともに魚が吸収した物質が積み重なっているから、耳石に含《ふく》まれている物質を調べることによって、魚がどのような環境に住んでいたのか、推測することができるのだ。

たとえば、耳石のおもな成分であるカルシウムと非常に良く似た物理的、化学的性質を持つ物質に、ストロンチウムがある。ストロンチウムはカルシウムと良く似ているため、魚が住んでいる水の中にストロンチウムがあると、カルシウムと同じように耳石の

【海水にふくまれるストロンチウムの量は、淡水の100倍ほどだ】

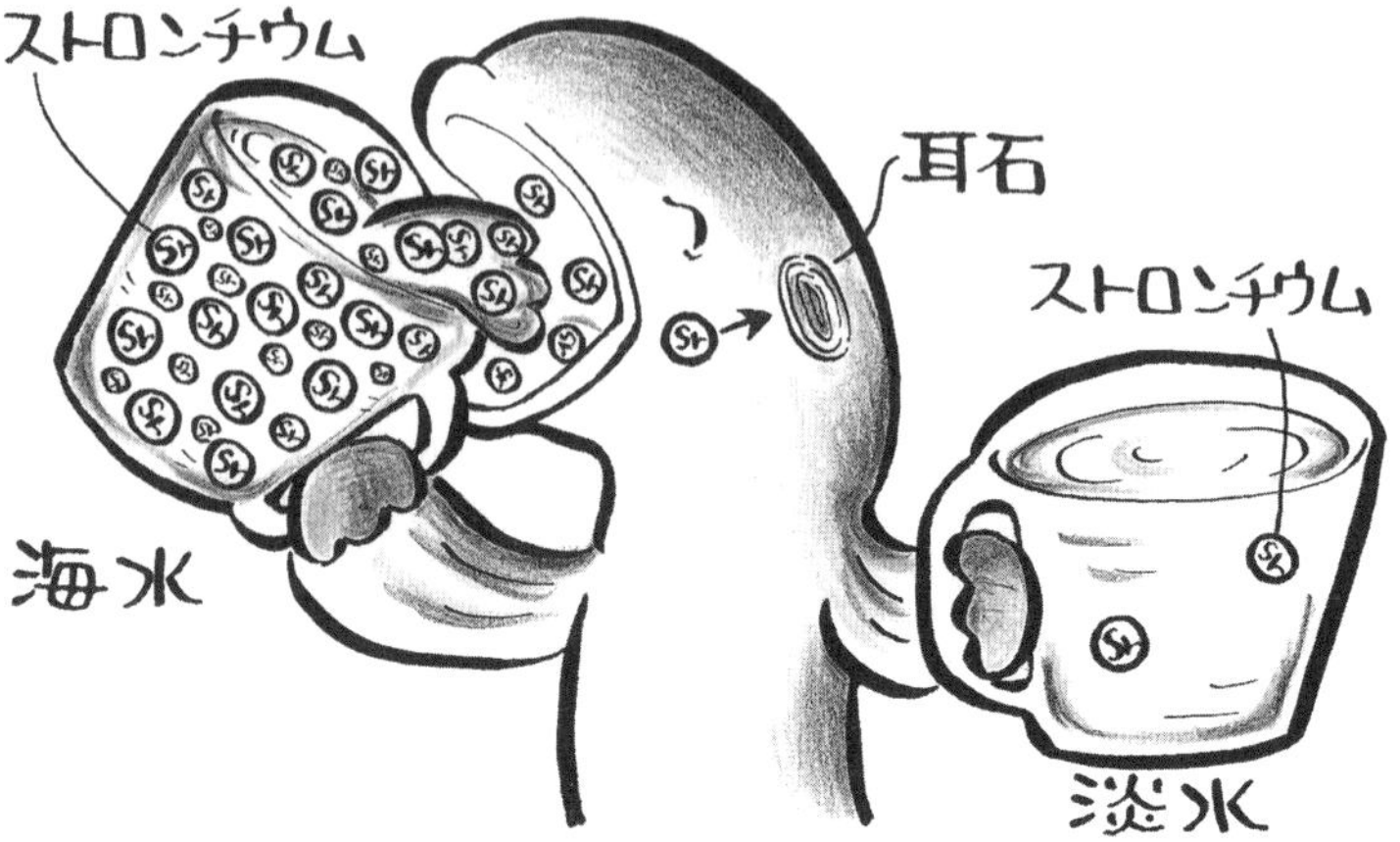

材料として使用される。ストロンチウムの量を海と川とで比較《ひかく》すると、淡水《たんすい》よりも海水で多い。このため、魚が海で生活している間は、耳石に取りこまれるストロンチウムの量が多く、川で生活している間は、少ない。このことを利用すると、魚がいつ海で過ごし、いつ川で過ごしたのか、調べることができる。

まず、核《かく》（中心）を露出《ろしゅつ》させた耳石を用意する。これは、年齢《ねんれい》を調べるときに使ったもので良い。波長分散型X線分析《ぶんせき》装置という、物質に含《ふく》まれる元素の種類と量を調べることができる装置を使って、耳石の核《かく》から端《はし》まで、百分の一ミリごとにストロンチウムとカルシウムの量を計測する。この結果を、年輪の位置と対応させると、海で過ごしたのは何歳《なんさい》から何歳《なんさい》までで、川で過ごしたのは何歳から何歳までだったのか、知ることができる。

なぜこのような技術が必要なのか。海の魚は海で、川の魚は川で育つのが当然なのではないだろうか。そんなことはない。たとえば、サケは川で生まれて海で育つ。それ以外にも、淡水《たんすい》でも海水でも生活することのできる魚は多い。スズキやボラなどは主に海水で生活しているが、淡水《たんすい》にも耐《た》えることができる。

ウナギは海で生まれて、川で育つ。それならば、ウナギは川に入ったのち、産卵のために海に出るまでずっと淡水《たんすい》で生活するのか。実はそうではない。すべてのウナギは海で生まれるが、その後、シラスウナギとして沿岸までやってきた後は、それぞれのウナギが、さまざまな行動を見せる。

一部のウナギは、シラスウナギとして沿岸まで近づいた後、そのまま河川の淡水域《たんすいいき》に進入し、その後、産卵回遊に出るまでずっと淡水《たんすい》の中で過ごす。しかしそのほかに、沿

【波長分散型Ｘ線分析《ぶんせき》装置（これで元素の種類と量を調べる）】

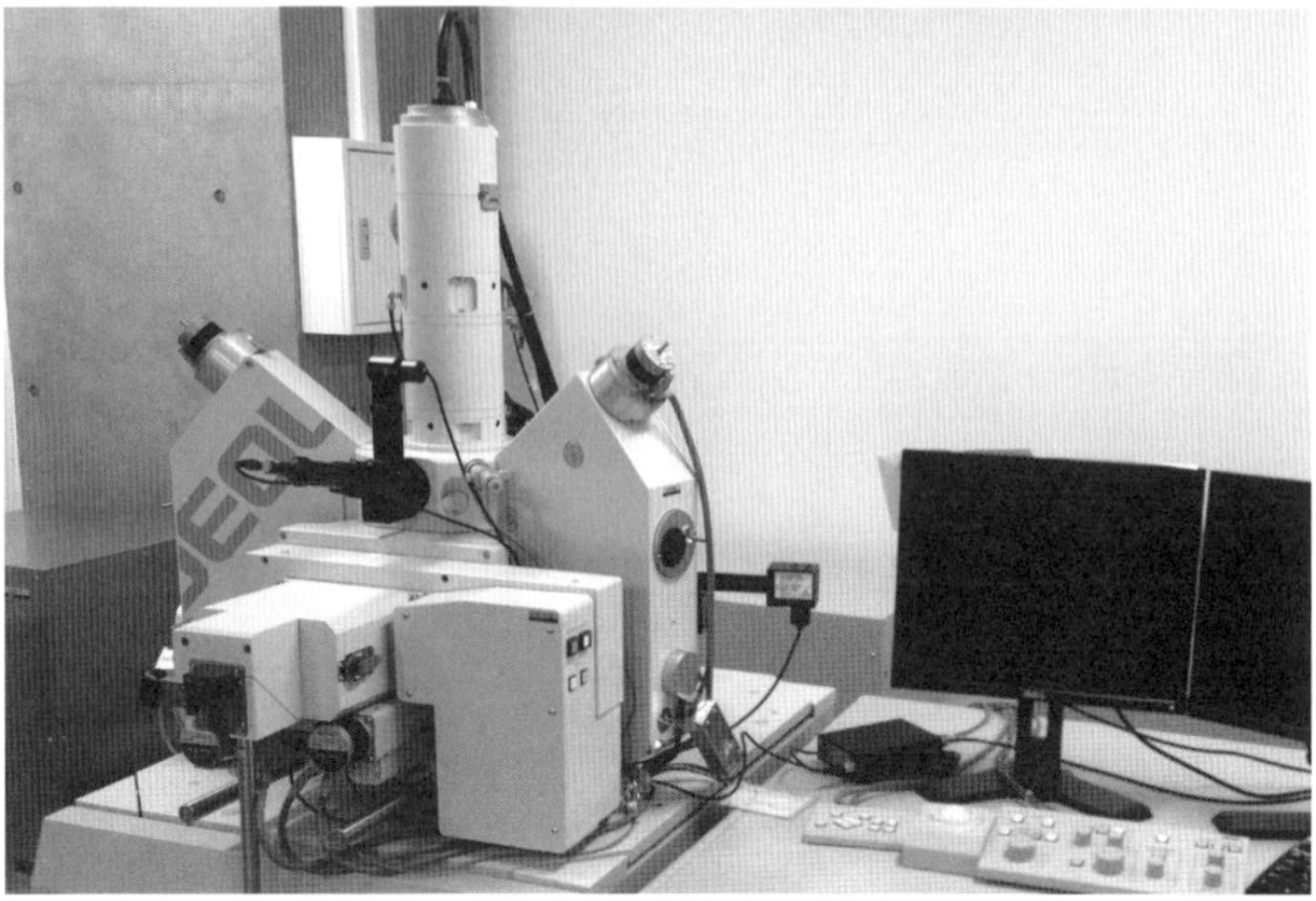

岸の汽水域に残り、一度も淡水域《たんすいいき》に入らないまま、産卵のために海へもどるウナギもいる。また、一度淡水に上ってから、しばらくして汽水域に降りてくるウナギもいれば、反対に汽水で数年過ごしてから、淡水域に上るものもいる。このほか、淡水域と汽水域を何回も行ったり来たりするウナギだっている。このように多様なウナギの動きを、耳石のストロンチウムとカルシウムを調べることによって、明らかにすることができる。

第2節　子どものウナギが育つ場所

1. ウナギにとって重要な場所

いま、ウナギの数はどんどん減ってきている。ウナギの数を増やすか、せめてこれ以上減らさないために何ができるのか。そのひとつは、ウナギが成長する河川の環境《かんきょう》を回復することだ。しかし、一口に河川といっても広い。川の終点である河口から、川の始まりである源流まで、そのすべての環境《かんきょう》を回復するには、時間も費用もかかる。そこで、河川の中でも特にウナギにとって重要な場所を見つけて、まずはそこから手を付けるのが効果的ではないだろうか。

ある動物を守るためには、ふつう、子どもが産まれて育つ場所が重要となる。子どもが産まれる場所、子どもが育つ場所が失われてしまったら、次の世代がいなくなってしまうからだ。ウナギの場合、産卵をする場所は、遠い海の中だから、人間の手はなかなか届かない。それでは河川のなかで子どものウナギが育つ場所を見つけて、そこを重点的に守ったらどうだろうか。ウナギはシラスウナギとして河川や沿岸にたどり着き、黄ウナギとなる。ということは、河川の中の「子どものウナギ」とは、若い黄ウナギのことだ。若い黄ウナギが育つ場所を保護することができれば、成長して産卵へ向かうウナギの数も増えるだろう。そこで、調査地である旭川《あさひがわ》と児島湾《こじまわん》の中で、若い黄ウナギが生息している場所を探すことにした。

若い黄ウナギが育つ場所を知るためには、いろいろな場所でウナギを捕《と》って、一番小さくて、若いウナギがいる場所を見つければよい。シュミットが大西洋でやった調査と同じ理屈《りくつ》だ。このために、いろいろな場所でウナギを捕《と》って、その大きさと年齢《ねんれい》を比較《ひかく》することにした。

2. 若い黄ウナギが育つ場所

旭川《あさひがわ》と児島湾《こじまわん》を五つの区域に分け、捕《と》れたウナギの大きさと年齢《ねんれい》を比較《ひかく》した。そうすると、旭川の下流、河口から五キロメートルほど上流で捕《と》れたウナギのなかに、いちば

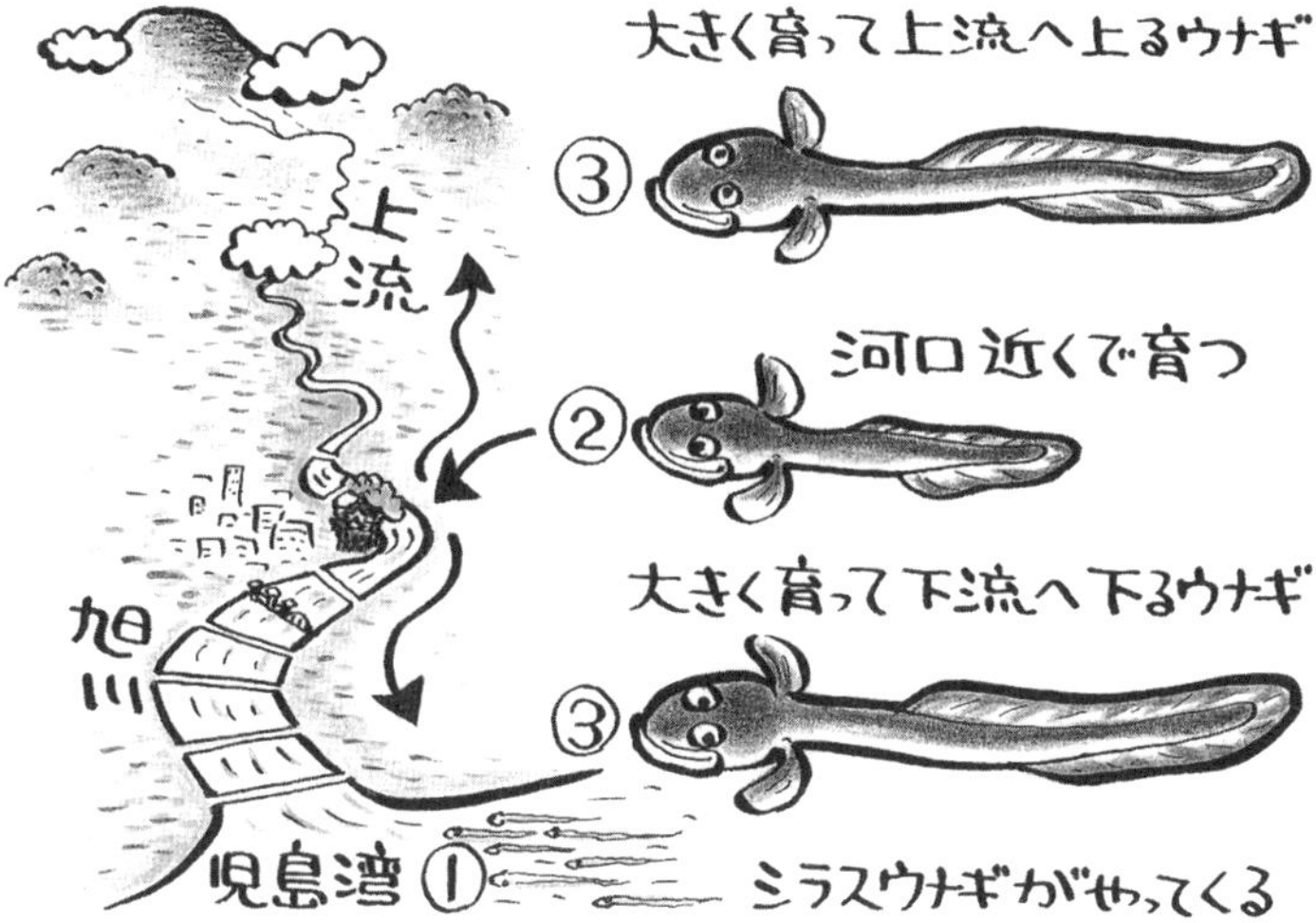

ん小さく（三〇センチ未満）、年齢《ねんれい》も二歳《さい》でいちばん若いものがいた。他の四つの区域では、もっと大きく、年をとったウナギしか捕《と》れなかったので、旭川《あさひがわ》では、河口から少しさかのぼった場所が、若い黄ウナギが育つ場所であるということがわかった。

岡山《おかやま》県旭川《あさひがわ》と児島湾《こじまわん》に住んでいるウナギは、シラスウナギとして海からやって来たあと、一度児島湾《こじまわん》を通過して旭川《あさひがわ》に進入し、数キロメートル川をさかのぼった場所でひとまず落ち着くようだ。この場所は、汽水域と淡《たん》水域《すいいき》の境界を含《ふく》む場所で、岡山《おかやま》県の中心部、ちょうど岡山県庁や岡山城のまわり一〇キロメートル程度の範囲《はんい》だと考えている。ウナギ

【はえ縄漁に出かける漁師。岡山《おかやま》県新岡山港】

はこの周辺に落ち着いた後、成長とともに旭《あさひ》川《がわ》の上流へ、または下流の児島湾《こじまわん》へと住む場所を広げていく。児島湾にはウナギがたくさん生息しているが、これらのウナギはずっと児島湾で育ったのではなく、旭川や吉井川《よしいがわ》など、まわりの河川の河口近くで数年間過ごした後に、児島湾まで移動しているということがわかった。

ぼくが調べた範囲《はんい》では、若い黄ウナギは川の河口近くで成長し、その後に川の上流や海にむかって広がっていく。河口の周辺は、ウナギを保護するために最も重要な場所のひとつ、若い黄ウナギが育つ場所であるようだ。

しかし、河口のそばは平地が多く、海も近いためにたくさんの人が集まり、大きな都市が作られやすい。岡山県《おかやま》旭川《あさひがわ》で見つかった、若い黄ウナギが育つ場所は、岡山県でも最も大きな街の中にあり、川の岸がコンクリートで固められているところも少なくない。ウナギにとって、けっして住み良い環境《かんきょう》ではなくなっているようだ。

第3節　海と川を行き来する魚

1. 体内の塩分を調節する

魚には、海に住んでいる種類も、川に住んでいる種類もいる。住んでいる水の塩分は大きく異なっているけれど、魚の体液の塩分は、海の魚も川の魚も大きくは変わらず、およそ海水の三分の一程度だ。海水の塩分はだいたい三パーセントだから、魚の体液の塩分はだいたい一パーセントということになる。ちなみに、ヒトの体液の塩分も、魚と同じように一パーセント程度だ。海に住んでいる魚は、体液よりも周囲の海水の塩分の方が高いので、海水を飲んで、その中の塩分を排出《はいしゅつ》する機能が優れている。これに対して、川に住んでいる魚は、体液よりも周囲の水の塩分が低いので、水から塩分を吸収する機能が優れている。

海の魚で、塩分を排出《はいしゅつ》する機能しか持たないものを淡水《たんすい》に入れると、体液の塩分の調節ができずに死んでしまう。おなじように、川の魚で、塩分を吸収する機能しか持たないものを海水に入れても、やはり生き延《の》びることができない。塩分を調節する機能のうち、「塩分を排出《はいしゅつ》する」か「塩分を吸収する」の片方しか得意でない魚は、外部の塩分の変化に対応できないのだ。

ウナギは、塩分を排出《はいしゅつ》する能力も、吸収する能力も両方持ち合わせているから、淡水《たんすい》と海水のどちらでも生きていける。まわりの水の塩分が変化すると、ウナギの体の機能も、水の塩分にあわせて変化する。海水中では、塩分を排出《はいしゅつ》するように、淡水《たんすい》中では、塩分を吸収するように、体の機能を調節することができる。

それでは、体液と同じ塩分の水、海水の三分の一の塩分の水の中に住んでいれば、塩分を排出したり、吸収したりする必要がなく、魚は楽なのではないか？　これはその通りである。多くの場合、海の魚も、川の魚も、海水を真水で三倍に薄《うす》めた水を使えば飼う

ことができる。海の魚と川の魚を同じ水槽《すいそう》で飼うことだってできる。これは、周囲の水の塩分が、体液とほぼ同じ濃度《のうど》になっているからだ。

しかし、淡水《たんすい》や海水のように、体液と異なる塩分の水の中で生活するためには、体液の塩分を調節する機能が必要になる。そして、ウナギのように海水と淡水《たんすい》の間を行ったり来たりするためには、体液の塩分を調節する機能を、まわりの環境《かんきょう》によって切り替《か》える必要がある。

2. 海と川を行き来する

ウナギの子どもは、シラスウナギとして海

【岡山《おかやま》県で捕《と》れたニホンウナギの移動】

各水域ともずっと淡水《たんすい》または汽水で過ごしたウナギが半分以上を占めたが、汽水から淡水へ、淡水から汽水へ、淡水と汽水の間を複数回行き来した個体も、ある程度の割合を占めている。ニホンウナギは、淡水域と汽水域の両方を利用して成長していることが分かる。

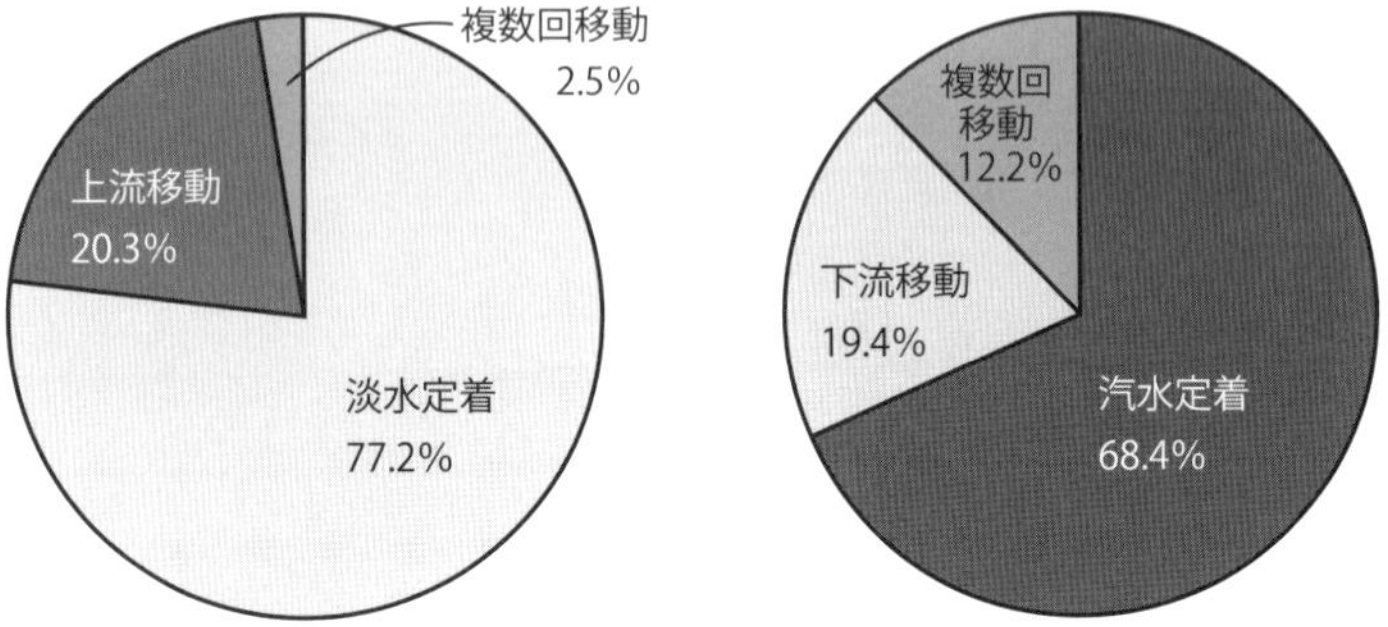

旭川淡水域　　汽水域（旭川汽水域と児島湾）

から川に入ったあと、河口から少しさかのぼった、淡水《たんすい》と汽水を含む水域にいったん住み着くようだ。ここに住み着いたウナギのなかには、ずっと淡水《たんすい》か、または汽水で過ごすものもいれば、淡水から汽水へ、汽水から淡水へと住み場所を変えるものも出てくる。耳石のストロンチウムとカルシウムの量を利用すると、それぞれのウナギがどのような場所で生活してきたか、知ることができる。

岡山《おかやま》の旭川《あさひがわ》と児島湾《こじまわん》で捕《と》ったウナギの耳石のストロンチウムとカルシウムの量を計測して、これらのウナギがどのように淡水と汽水を利用していたのか、調べてみた。その結果、淡水《たんすい》で捕《と》れたウナギの中には、ずっと淡《たん》水《すい》で育ってきたものが約八割、汽水で数年間過ごした後、淡水に上ってきたものが二割ほどいることがわかった。汽水で捕《と》れたウナギについては、ずっと汽水で育ったウナギが七割、淡水である程度の期間を過ごしてから汽水に移動したウナギが二割、淡水と汽水の間を複数回行き来しているウナギが一割ほどだった。旭川《あさひがわ》と児島湾《こじまわん》でも、ウナギは淡水と汽水の両方を利用して成長しているのだ。

3．淡水《たんすい》と汽水、どちらが有利？

ウナギは淡水《たんすい》と汽水の両方を利用しながら育っている。この現象で不思議なことは、個々のウナギが異なった動き方をしていることだ。あるウナギはずっと淡水で、あるウナギはずっと汽水で生活し、あるウナギは淡水と汽水の間を行ったり来たりしている。

生物にとって最も重要なことは、子孫を残すことだ。もしも淡水の方が、汽水よりも子孫を残すために有利なのであれば、すべてのウナギは、淡水をめざして移動するのではないだろうか。反対に、汽水の方が有利であれば、ウナギはわざわざ川の流れに逆

【汽水と淡水でのウナギの成長速度の比較】

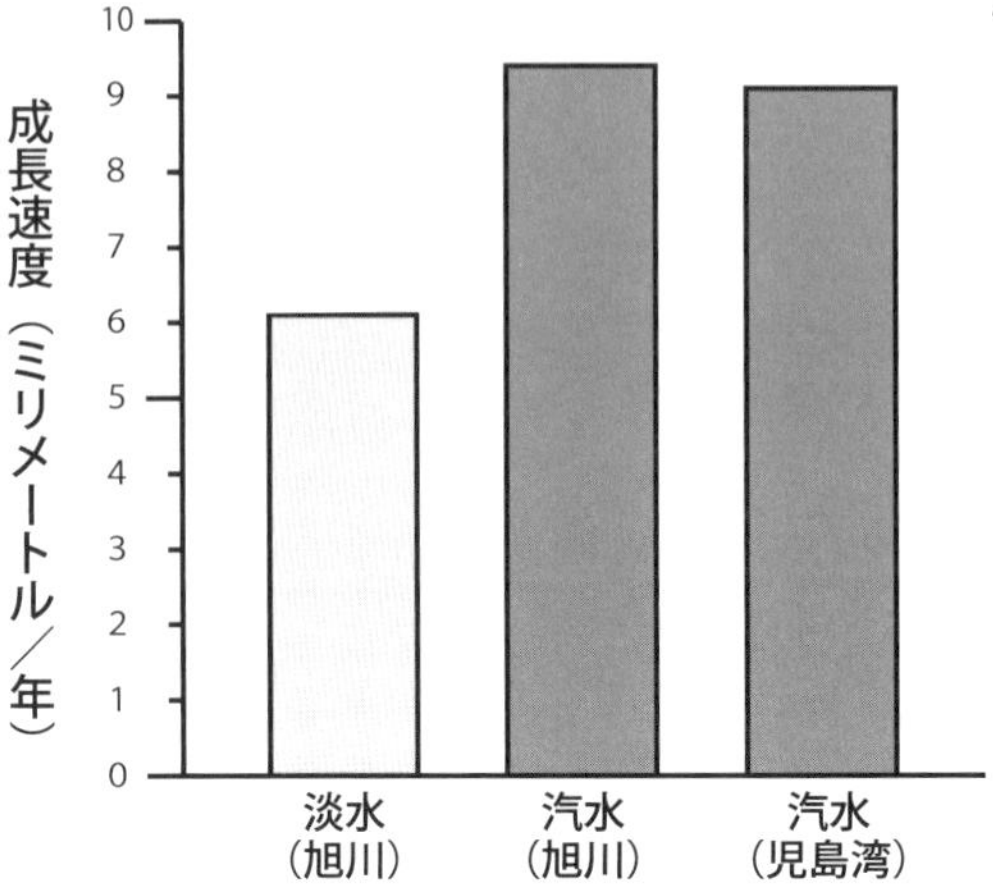

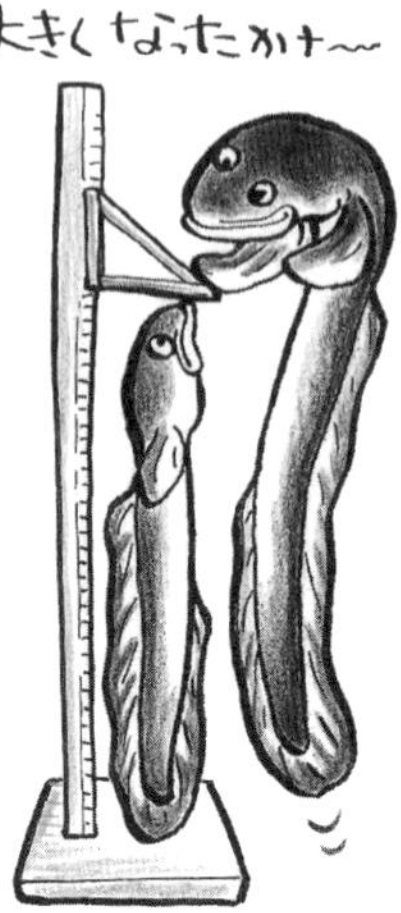

らってまで淡水に進入することはなく、沿岸や河口で一生を過ごせば良いはずだ。

淡水《たんすい》と汽水のどちらがウナギにとって有利なのか。この問題に答えるために、ウナギの成長を比べてみた。捕《と》れた時のウナギの体長を、耳石で調べた年齢《ねんれい》で割って、一年あたりどの程度成長しているのか、「成長速度」を計算する。そうすると、淡水よりも汽水でウナギの成長が速いことがわかった。このことは、ヨーロッパウナギやアメリカウナギでは、すでにわかっていたことだ。今回の研究で、ニホンウナギでも、ヨーロッパやアメリカのウナギと同じように、淡水よりも汽水で成長が速いことが確認された。

ウナギの成長は、淡水《たんすい》よりも汽水で速い。早く大きくなって、早く産卵に参加すれば、成長している間にほかの魚や鳥、人間に食べられたり、病気にかかってしまう危険が減るから、子孫を残せる可能性が高くなる。ということは、ウナギにとって、淡水よりも汽水で育った方が有利なのだろうか。

この問題をもっと詳《くわ》しく調べるために、淡水《たんすい》と汽水で、ウナギが食べているエサの量を比較《ひかく》した。胃の中から出てきたエサの量を、岡山《おかやま》県の淡水で捕《と》れたウナギと汽水で捕れたウナギとで比べると、淡水よりも、汽水のウナギでエサの量が多かった。どうやら、一回に食べているエサの量は、淡水のウナギよりも、汽水のウナギの方が多いようだ。

しかし、胃の中にたくさんのエサが入っていると言っても、これは、そのウナギを捕《と》った日か、またはその前の晩に、たくさんのエサを食べたというだけのことだ。成長速度を一年単位で比較《ひかく》しているのだから、食べたエサの量も一年単位で比較する必要がある。一年間で食べたエサの量は、「一日に食べるエサの量×一年間にエサを食べる期間」で求めることができる。ウナギの祖先は熱帯に住んでいたから、ニホンウナギも寒いのが苦手だ。だいたい水温が一〇℃程度まで低くなると、あまり活動しなくなってしまう。だから、冬の間は、漁師さんのウナギ漁もお休みになる。水温は場所によって異なるはずだから、ウナギがエサを食べる期間も、場所によって異なっているかもしれない。

ウナギは、寒くて活動を止めてしまっている期間以外はエサを食べるだろう。したがって、「一年間にエサを食べる期間」は、「一年間の活動期間」と考えればよい。ウナギの活動期間を調べるために、一年中、春も、夏も、秋も、冬もウナギを捕《と》った。ウナギを捕るために使った道具「スッポン」は、自分で移動して筒《つつ》の中に入ってきたウナギでなければ、捕ることができない。だから、スッポンでウナギが捕れる時期は、ウナギが活動している時期だ。一年中ウナギを捕り続けていると、やはり冬の間はウナギが捕れない。だいたい十二月から三月までは、ほとんどウナギが捕れないので、この期間は、ウナギはどこかの穴にもぐって、じっと暖かくなるのを待っているのだろう。

淡水《たんすい》と汽水でウナギが捕《と》れた期間を比較《ひかく》してみると、淡水ではスッポンでウナギが捕れる時期が、だいたい五月から十月であるのに対して、汽水では四月から十一月くらいまでウナギが捕れる。どうやら、ウナギの活動期間は、淡水よりも汽水で長いらしい。水温を比べてみると、やっぱり冬の水温は淡水よりも汽水の方が、二℃ほど高いことがわかった。ウナギにとって、汽水域は淡水域と比較《ひかく》して、暖かく、長い期間活動できる場所のようだ。

調査をおこなった地域では、ウナギは、淡水《たんすい》よりも汽水でたくさんのエサを食べ、長い期間活動できる。その結果、汽水のウナギは、淡水のウナギよりも速く成長するらしい。

4. なぜ淡水《たんすい》に進入するのか

ウナギは汽水で育った方が、淡水《たんすい》で育つよりもたくさんのエサを食べて、速く成長できる。それならば、なぜウナギは淡水に上るのだろうか？　流れに逆らって川を上るには、かなりの体力がいるはずだ。なぜそこまでして、エサをあまり食べられない、成長が遅《おそ》くなるような場所に進入するのか。この問題は現在、世界のウナギ研究者を悩《なや》ませている、大きななぞのひとつだ。ヨーロッパのウナギも、アメリカのウナギも、オーストラリアやニュージーランドのウナギも、淡水《たんすい》よりも汽水で成長が速いのに、一部のウナギは、わざわざ淡水に進入する。なぜすべてのウナギが成長の速い汽水に留まろうとしないで、その一部は淡水へ入っていくのか。

世界のウナギ研究者が頭を悩《なや》ませているけれど、なかなか答えが出ない。この問題に答を出すためには、さまざまな側面から淡水《たんすい》と汽水の環境《かんきょう》を比較《ひかく》し、そのちがいがどのようにウナギの成育に影響《えいきょう》を与《あた》えているのか、考えなくてはならない。しかし、淡水と汽水の環境《かんきょう》を比較《ひかく》するといっても、現在の河川の環境は、ウナギの祖先が生まれたころの状態とは大きく変わってしまっている。とくに淡水生態系は人間の活動から受ける影響が大きく、その面積は減り、形は変わり、水質は変わり、生息している生物の姿も変わってしまっている。

「ウナギはなぜ淡水《たんすい》に進入するのか?」ウナギの祖先が生まれて淡水を利用するようになったころとは、すでに大きく異なっているはずの現在の環境《かんきょう》を調べるだけでは、この問題に答えることはできない。もしかしたら、ウナギの先祖が淡水に進入する生態を獲得《かくとく》した時には、淡水域はウナギにとって、現在よりも、もっともっと魅力的《みりょくてき》な環境だったのかもしれない。

第4節　ウナギは何を食べている

1．エサを調べる方法

意外なことに、ニホンウナギがどんなエサを食べているのか、詳細《しょうさい》に研究した例は、これまでほとんどなかった。そこで、旭川《あさひがわ》と児島湾《こじまわん》に住むウナギのエサを調べてみることにした。

動物が食べているエサを調べる方法として最も良く使われるのは、胃の中に入っている食べ物を調べる方法だ。この方法を使うと、動物の食べたものを具体的に知ることができる。でも、その食べ物はついさっき、または昨日食べたものでしかなく、その動物がいつも食べているものとはちがっているかもしれない。また、食べ物は日によって異

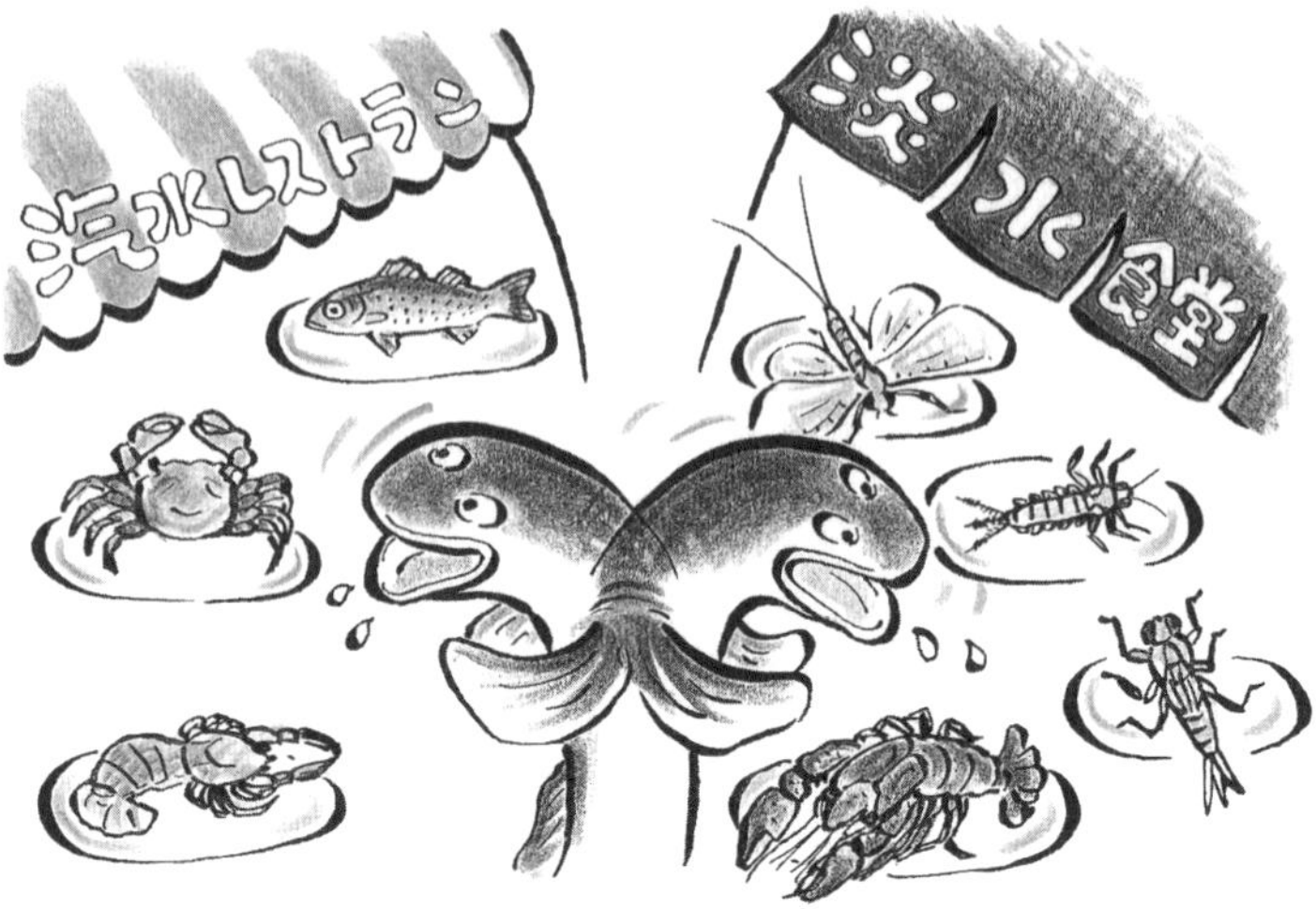

なるだけでなく、季節ごとにも変化するかもしれない。目の前でウナギがエビを食べたからといって、明日も、一か月後も、ウナギがエビを食べ続けるかどうかはわからない。胃の中身を見るだけでは、動物の食べているものを正確に把《は》握《あく》することはむずかしいのだ。

安定同位体比を利用すると、この問題をある程度解決できるようになる。ぼくたちのまわりにある、あらゆる物質は、原子が集まってできている。原子には、酸素や水素、炭素や鉄など、百以上の種類がある。原子をそれぞれの種類である水素とか鉄として考えたときには、「元素」と呼ばれる。同じ元素（つまり、同じ種類の原子）だけれど、重さが異なるものを同位体という。

同位体の中でも安定していて、壊《こわ》れにくいものを安定同位体と呼ぶ。食べ物の中に多く含《ふく》まれている元素に炭素があるが、炭素にも安定同位体、つまり、重さの異なる炭素が存在する。動物がエサを食べて、その成分を吸収すると、動物の体の中の重い炭素と軽い炭素の割合、つまり炭素安定同位体の比率（炭素安定同位体比）は、エサの炭素安定同位体比に近づく。炭素安定同位体のほか、やはり食べ物の中に多く含《ふく》まれている窒素《ちっそ》などの安定同位体比を利用すれば、動物が食べているエサを推測することができる。

動物の体は、食べたものが吸収されてできている。したがって、動物の体の安定同位体比は、そのときまでに食べたエサの安定同位体比の影響《えいきょう》を受けているはずだ。たとえば、肉ばかり食べている動物の体の安定同位体比は、肉の安定同位体比に近い値になるし、野菜ばかり食べている動物だったら、体の安定同位体比は、野菜の値に近づいていく。このことを利用すると、ある動物が、肉と野菜をどのような割合で食べていたのかがわかってくる。動物の安定同位体比が、肉と野菜のちょうど真ん中ならば、肉と野菜

【ウナギの解剖《かいぼう》は、このような環境《かんきょう》でおこなった】

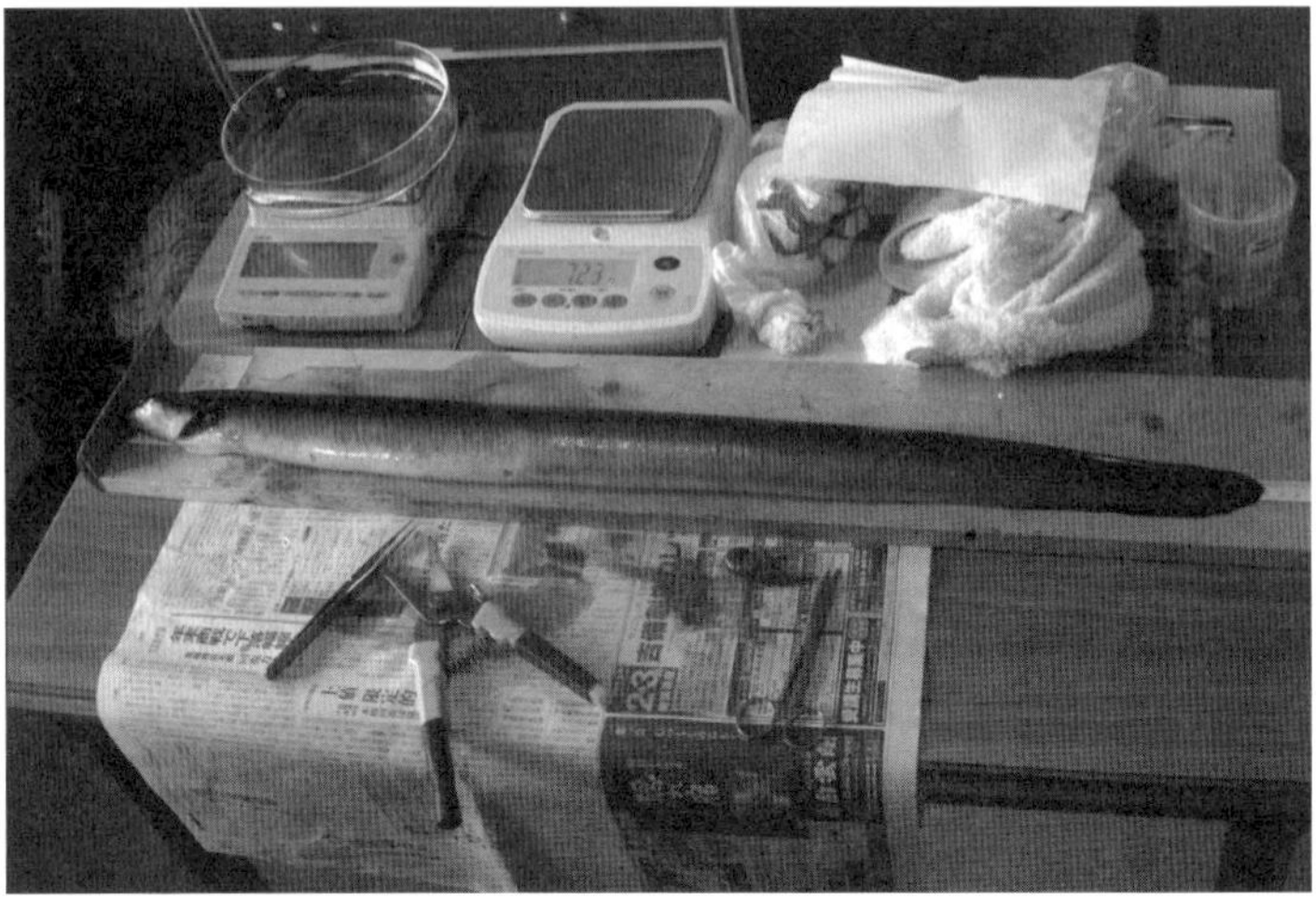

を同じ程度食べていたということだし、肉の安定同位体比に近ければ、野菜より肉の方を多く食べているということになる。

安定同位体比を用いると、一回の食事だけでなく、ある程度の期間にわたってどのようなものを食べていたのか、推測することができる。ただし、安定同位体を使った方法は、あくまで数値を比較《ひかく》するだけであって、具体的にどんなエサを食べていたのか、知ることはできない。たとえば、野菜を食べていたことがわかっても、安定同位体比が似た野菜どうしであれば、その野菜が実際はキャベツなのか、レタスなのか、区別することはできない。実際に食べているものを知るには、食べているところを直接観察するか、胃の中身を調べるか、どちらかの方法しかない。

魚の行動をずっと観察するのはむずかしいので、魚がどんなエサを食べているのか、詳《くわ》しく調べるには、胃の中身を調べる方法と、安定同位体比を調べる方法の両方を使うとよい。そこで、ニホンウナギの食べ物を調べるために、胃の中身を調べながら、ウナギや、エサになりそうな生物の安定同位体比を計測した。

2. ウナギは何を食べている

胃の中身と安定同位体比を解析《かいせき》した結果、旭川《あさひがわ》の淡水域《たんすいいき》のウナギはおもにアメリカザリガニを、児島湾《こじまわん》や河口の汽水域のウナギはおもにアナジャコを食べていることがわかった。アメリカザリガニは、もともとアメリカ大陸に住んでいた動物で、一九二七年にウシガエルのエサとして日本に移入された外来生物だ。雑食だが、水草や枯《か》れ葉などをおもなエサにしている。アナジャコは、河口や沿岸の干潟《ひがた》の泥《どろ》の中に穴を掘《ほ》って住む生き物で、水の中の植物プランクトンを濾《こ》しとって食べている。

淡水《たんすい》でも汽水でも、ウナギのエサは水の底にいる甲殻類《こうかくるい》（エビやカニの仲間）だった。ウナギも水の底近くで生活している魚だから、水底をうろうろしながら、ザリガニやアナジャコを捕《つか》まえて食べているのだろう。ウナギには、エサを食いちぎるような鋭《するど》い歯はないから、食べる時は丸のみだ。解剖《かいぼう》すると、大きなザリガニやアナジャコが、そのままの形でウナギの胃から出てくる。胃袋《いぶくろ》の中では、丸のままの形を残しているザリガニやアナジャコだが、胃から腸へ進んだものは殻《から》が砕《くだ》かれて、バラバラの状態だ。砕《くだ》かれた殻《から》は、肛門《こうもん》近くの腸の中にもたくさん見られる。そのまま糞《ふん》として排泄《はいせつ》されているのだろう。

旭川《あさひがわ》の淡水域《たんすいいき》で捕《と》れたウナギの胃の中からは、ザリガニのほかに、トンボの幼虫であるヤゴが見つかることが多かった。また、カゲロウがたっぷり出てきたこともあった。このときは、ちょうど水の中で育ったカゲロウの幼虫が水面に出て羽化する季節で、スッポンでウナギを捕《と》っている最中も、川の水面は羽化しているカゲロウで埋《う》め尽《つ》くされていた。ウナギはどうやら、カゲロウの幼虫が水面に出て、羽化しているところを捕《つか》まえて食べていたらしい。ふだんは水の底で獲物《えもの》を探していても、エサが大量にある時

には、水面にまでやってくるようだ。

汽水域のウナギでは、アナジャコのほかにカニやボラの子どもが胃の中から見つかった。ボラの子どもは、カゲロウと同じように、一匹《いっぴき》のウナギの胃の中から、何匹《なんびき》も出てきた。ちょうどボラの子どもが大量に現れる春先だったので、児島湾《こじまわん》の岸にはたくさんのボラの子どもが、水面近くで群れを作って泳いでいた。淡水のカゲロウと同じように、ボラの子どもの群れがいる時などは、ウナギも水底でエサをあさるよりも、たくさんエサのある水面に近づいてくるのだろう。

3. 効率よく食べ物を探す

この調査でわかったことは、ウナギは環境《かんきょう》に応じてエサを変えているということだ。耳石のストロンチウムとカルシウムの量から、岡山県《おかやま》の旭川《あさひがわ》と児島湾《こじまわん》に生息しているウナギの一部は、淡水《たんすい》と汽水を行ったり来たりしていることがわかった。そして、胃の中身と安定同位体によって、淡水と汽水におけるウナギのエサが、まったく異なっていることがわかった（淡水はザリガニ、汽水はアナジャコ）。淡水から汽水に、汽水から淡水に移動したウナギは、食べるエサを変えているはずだ。ウナギは真水にも塩水にも耐《た》えられるように、体液の塩分を調節する機能を持っている。この能力に加えて、環境《かんきょう》に応じてエサを変えることができるという能力も、淡水と汽水の間の移動には欠かせないものだろう。

ウナギはまわりの環境《かんきょう》に合わせて、エサを変えることができる。このような動物を、オポチュニスト（多食者）という。その場の環境に合わせて、食べられるものをなんでも食べる動物のことだ。これに対して、ユーカリの葉だけを食べるコアラのように、決まった種類の食べ物しか食べない動物のことをスペシャリスト（専食者）という。ウナギは環境に応じてエサを変えるので、なんでも食べるオポチュニストだということになるはずだが、どうやら、話はそう単純でもなさそうだ。

ヨーロッパやニュージーランドでも、ウナギの胃の中身を調べている。これらの調査によると、たくさんのウナギ全体ではいろいろな種類のエサが見つかるが、一匹《いっぴき》のウナギから二種類以上のエサが見つかることは非常にまれなようだ。この調査をおこなった研究者は、たくさんのウナギが集まった集団は、集団全体としてはいろいろなものを食べるオポチュニストだけれど、個々のウナギは決まった種類のエサを専門的に食べるスペシャリストなのではないか、と考えている。

岡山《おかやま》でおこなった調査の結果でも、やはり二種類以上の生物が、一匹《いっぴき》のウナギの胃の中から出てくる割合は非常に低く、三パーセント程度だった。これに対して、児島湾《こじまわん》で捕《と》れたアナゴを調べてみると、一匹のアナゴから二種類以上の生物が出てきた割合は、一三パーセントを越《こ》えていた。どうやらウナギは、一回の食事では、一種類の生物を食べる傾向《けいこう》が強いらしい。動物がエサを捕《つか》まえて食べる時は、いちばん捕まえやすい種類の生物に意識を集中し、他の種類の生物を無視することで、効率よく捕食《ほしょく》することができるのではないか、と考えられている。ウナギがこの戦略を利用して、効率的にエサを食べている可能性は十分に考えられる。たとえばアメリカザリガニが多い淡水域《たんすいいき》に住んでいる間はアメリカザリガニに意識を集中し、アナジャコの豊富な汽水域に移動した場合は、アナジャコを捕《つか》まえることだけを考える、というように。

ウナギは周囲の環境《かんきょう》に応じてエサを変化させることができる。しかし、一回の食事では単一の生物のみを食べる傾向《けいこう》が強い。もしかしたら、ウナギは長期的にはオポチュニストに、短期的にはスペシャリストになることによって、効率良くエサを捕《と》らえる戦術を身につけているのかもしれない。

アメリカザリガニ
（体長約 10㎝）

【上：広頭型《こうとうがた》（カニクイ、旭川《あさひがわ》） 下：狭頭型《きょうとうがた》（クチボソ、児島湾《こじまわん》）】

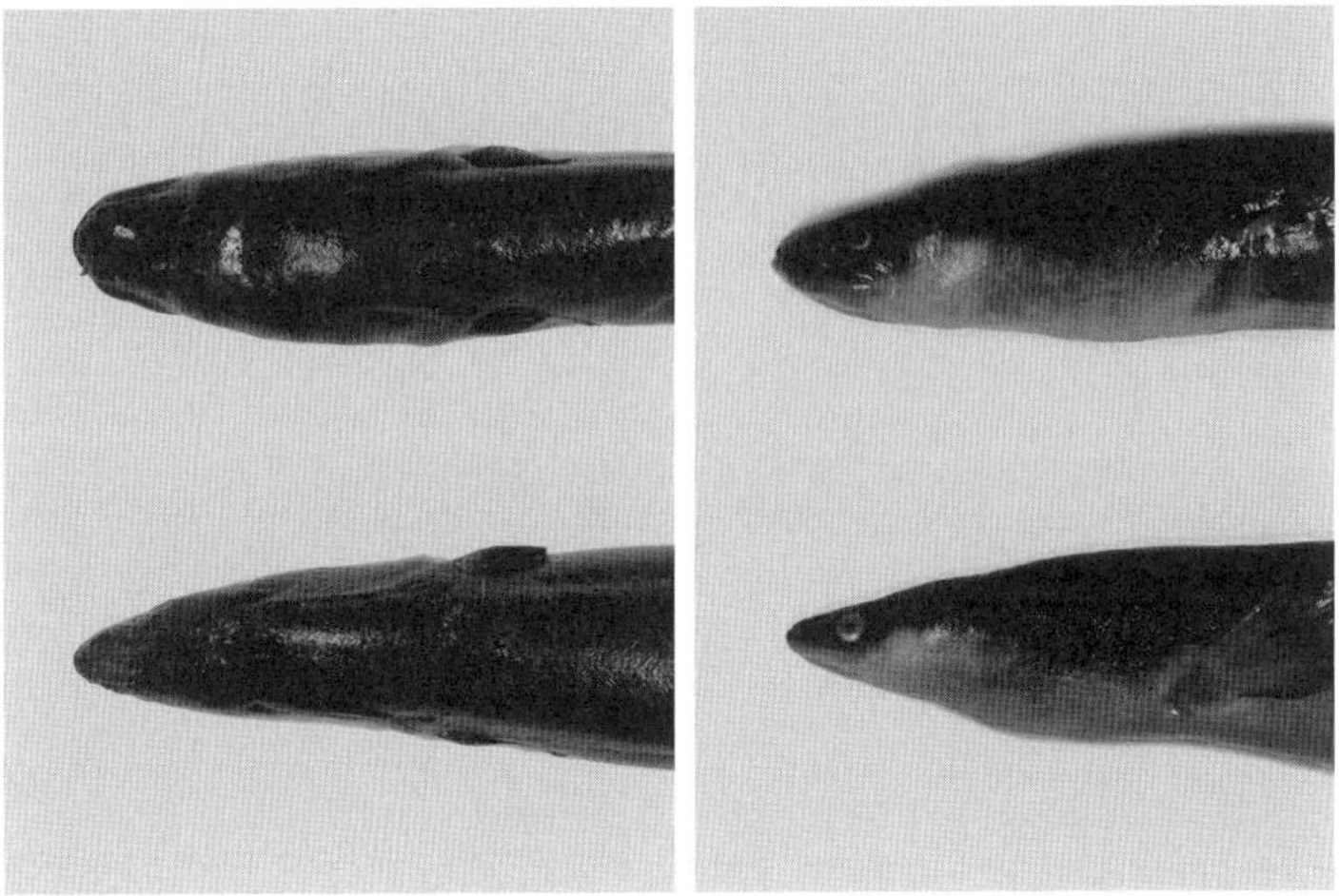

第5節　大きな頭と小さな頭

1．広頭型《こうとう》と狭頭型《きょうとう》

ウナギの中には、頭が大きく幅《はば》が広いウナギと、頭が小さく幅が狭《せま》いウナギがいる。ウナギを捕《と》っている漁師さんの中では、頭でっかちのウナギはガニハミとかカニクイ、頭が小さくて細いウナギはクチボソと呼ばれる。ガニハミとカニクイは、どちらも「カニを食うもの」という意味だ。

ヨーロッパやアメリカのウナギにも、同じような頭の形のちがいがある。ヨーロッパでは百年も前から、「なぜ頭の形の異なるウナギがいるのか?」という問題に、多くの研究者が取り組んできた。なかには、カニクイとクチボソのウナギを、別種とする人も出てきたが、今は、まったく同じ種類のウナギの中で、さまざまな頭の形があることが知られている。

ヨーロッパでこの問題に取り組んでいる研究者は、頭の形のちがいの原因は、食べ物のちがいにあると考えた。たしかに、人間でも固いものばかり食べている人と、やわらかいものばかり食べている人では、顎《あご》の形がちがってくるようだ。ヨーロッパのある研究者は、カニクイのウナギとクチボソのウナギを捕《つか》まえて、胃の中身を比べてみた。すると、カニクイは魚を食べているものが多く、クチボソは水生昆虫《こんちゅう》の幼虫など、小さくてやわらかいものを多く食べていたという。この結果を受けて、ウナギは大きくて固いものを食べると頭でっかちのカニクイなり、小さくてやわらかいものを食べると頭が小さくて細いクチボソになるのだと、考えられるようになった。

しかし、この考え方には、ちょっと疑問がある。人間は食べ物を噛《か》んでから飲みこむけれど、ウナギは丸のみにする。食べ物を丸のみにするウナギにとって、食べ物の固さは、頭や顎《あご》の形と関係があるのだろうか。口の大きさと食べ物の大きさには、もちろん関係があるだろう。しかしそれは、大きいものを食べると口が大きくなるというよりも、口が大きくなると大きいものが食べられるようになる、ということではないだろうか。どうにも納得がいかないので、岡山のニホンウナギについて、頭の形を調べてみた。

調査をおこなっていた岡山《おかやま》県の旭川《あさひがわ》と児島湾《こじまわん》でも、漁師さんたちはカニクイとクチボソのちがいを意識していた。そして、淡水《たんすい》にはカニクイが、汽水にはクチボソが住んでいると口をそろえる。そこで早速、淡水のウナギと、汽水のウナギの頭の形を比べてみた。

2. 頭の成長

体の大きいウナギは、頭も大きい。体の小さいウナギは、当然頭も小さい。だから、頭の大きさだけを単純に比べても意味がない。過去のヨーロッパやアメリカの研究にな

【汽水のウナギと、淡水《たんすい》のウナギの体型（口の幅《はば》）のちがい】

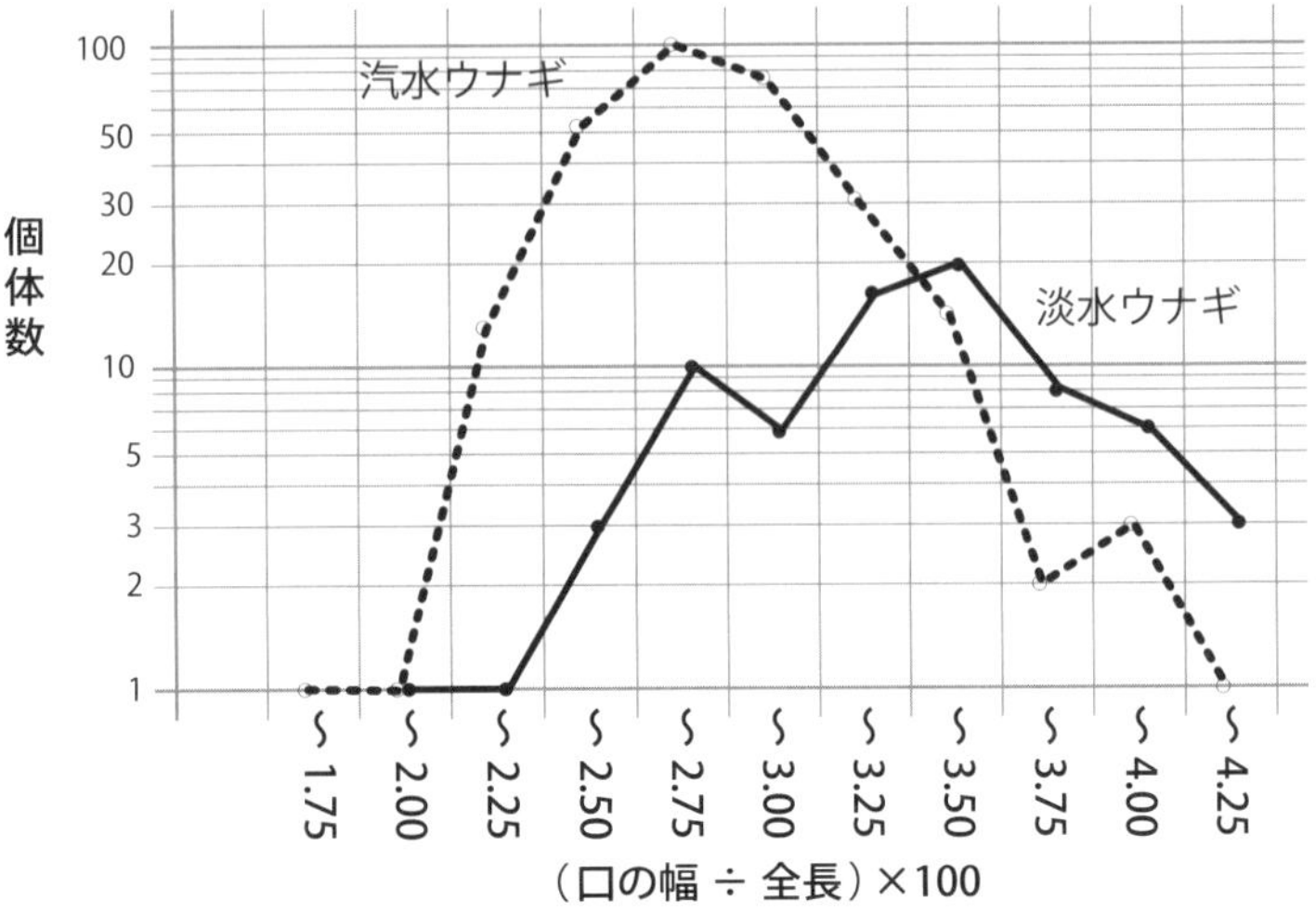

らって、体の長さに対する口の幅《はば》の比を、基準の値とすることにした。

全長にたいする口の幅《はば》の比を淡水《たんすい》のウナギと汽水のウナギで比較《ひかく》すると、明らかに淡水のウナギの方が、大きい値になる。やはり、漁師さんのいうように、淡水のウナギはカニクイで、汽水のウナギはクチボソなのだ。

次に、頭の成長を調べた。頭がどのように成長していくのか明らかにすれば、カニクイとクチボソがどのように分かれるのか、わかるかもしれない。頭の形を調べるために、口の幅《はば》と、頭の長さを測った。

数百匹《ぴき》のウナギの頭の形を測り、耳石から調べたそれぞれの年齢《ねんれい》から、頭の成長を求めていく。頭の成長を淡水《たんすい》と汽水の間で比較《ひかく》すると、はっきりとしたちがいがないことがわかった。淡水のウナギは頭でっかちのカニクイで、汽水のウナギは頭が小さくてほっそりとしたクチボソだけれども、淡水と汽水で頭の成長にちがいはないということだ。それでは、いったいどうしてカニクイとクチボソに分かれるのだろうか。

3. 体の成長

なぜ淡水《たんすい》のウナギがカニクイで、汽水はクチボソなのか。これはどうやら、体の成長と関係があるようだ。同じ年齢《ねんれい》のウナギを比べると、淡水のウナギと汽水のウナギでは頭の大きさも、形も変わらない。しかし、汽水の方が体全体の成長は速いのだから、同じ年齢ならば、汽水のウナギの方が体は大きい。ということは、同じ大きさの頭を持っていても、つまり、同じ年齢であっても、淡水のウナギは体が小さく、汽水のウナギは体が大きいから、体の大きさと比較すると、淡水のウナギは頭でっかちに、汽水のウナギは頭が小さくほっそりしているように見えるのだ。

頭の大きさだけでなく、形も関係してくる。頭の長さと幅《はば》を年齢《ねんれい》ごとに比較《ひかく》すると、

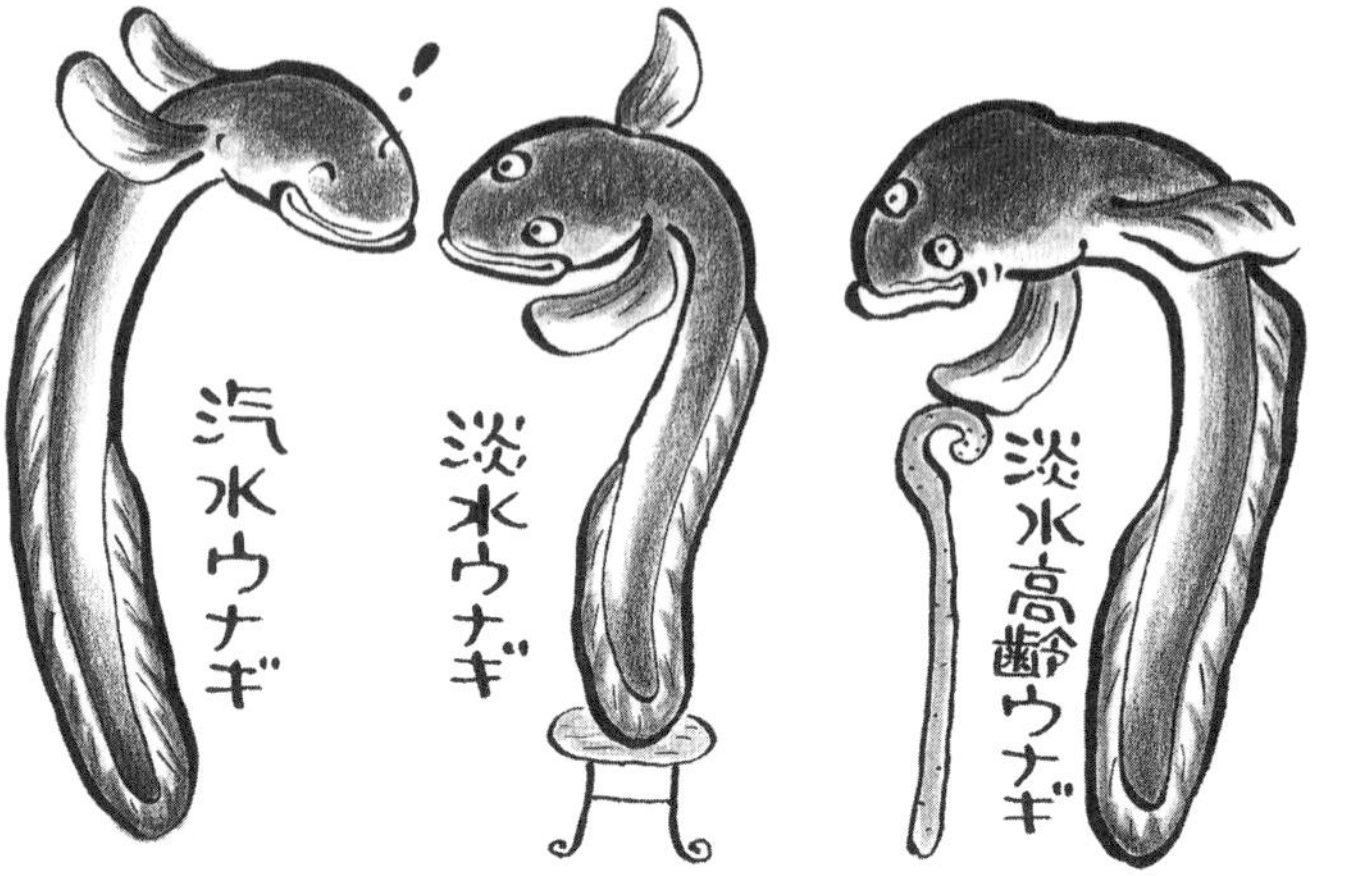

ウナギの頭は年齢《ねんれい》とともにだんだん幅広《はばひろ》になっていく。しかし、同じ年齢のウナギどうしなら、淡水《たんすい》と汽水とで頭の形は大きく変わらない。淡水のウナギと汽水のウナギが、同じ体の大きさまで育った時、成長の遅《おそ》い淡水のウナギの方が高齢《こうれい》で、汽水のウナギの方が若いはずだ。高齢のウナギの頭は幅広で、若いウナギの頭は細いから、淡水のウナギは余計に頭でっかちに見える。

岡山《おかやま》で調べた結果では、成長の遅《おそ》い淡水《たんすい》のウナギは頭でっかちで幅《はば》の広いカニクイに、成長の速い汽水のウナギは頭が小さくて幅の細いクチボソに、それぞれ分かれていくようだ。カニクイとクチボソに分かれる原因は、頭の成長ではなく、体の成長にあるらしい。

4. 食べ物は無関係?

カニクイとクチボソが分かれる原因は、体の成長の速さにある。これが岡山《おかやま》での調査結果からいえることだ。それでは、食べ物のちがいは、本当にウナギの頭の形と関係ないのだろうか?

これは正直なところ、良くわからない。岡山での調査では、少なくとも、食べ物が頭の形に関係するという証拠《しょうこ》は見つからなかった。もしも、食べ物のちがいが頭の形や大きさに影響《えいきょう》するのであれば、カニクイとクチボソのウナギでは、頭の成長にちがいが出てくるはずだ。カニクイは頭の成長が速く、クチボソは頭の成長が遅《おそ》い、といった具合に。しかし、岡山《おかやま》のウナギでは、特にカニクイとクチボソで、頭の成長に明確なちがいは見られなかった。

実際にウナギが食べているものは、淡水《たんすい》ではアメリカザリガニ、汽水ではアナジャコで、まったくちがう。大きさは似たようなものだが、どちらがより固いかと言えば、アメリカザリガニの方が固い甲羅《こうら》を持っている。しかし、固いアメリカザリガニを食べているから、淡水《たんすい》のウナギの頭が大きくなるのだとすれば、繰《く》り返しになるけれども、淡水のウナギの頭が、汽水のウナギよりも速く大きく、幅広《はばひろ》くなっているはずだ。岡山《おかやま》のウナギを調べた限り、そのようなことはなかった。でも、エサの固さや大きさに、もっと明確な差があるウナギどうしを比較《ひかく》したら、どうなるだろうか。たとえば、ザリガニばかり食べているウナギと、ミミズばかり食べているウナギを比べたとしたら、どうなるだろうか。もしかしたら、頭の大きさや形への影響《えいきょう》が見つかるかもしれない。岡山でおこなった調査では、エサが頭の大きさや形に影響を与えるかどうか、答えを出すことはできない。言えることは、成長の遅《おそ》いウナギはカニクイになりやすく、成長の速いウナギはクチボソになりやすいということだ。

第6節　ウナギとアナゴ

1．ウナギとアナゴはケンカするのか

現在、ウナギの値段はどんどん高くなっている。その理由は、養殖《ようしょく》に使うシラスウナギがあまり捕《と》れなくなったからだ。ウナギの値段が高くなると、アナゴの値段も高くなる。その理由は、形が似ているからではない。調理法が似ているからだ。ウナギもアナゴも、どちらも火を通して、甘《あま》めの味付けで食べることが多い。ウナギなら蒲焼《かばやき》で、アナゴなら煮《に》アナゴだ。アナゴが蒲焼《かばやき》にされることもある。たとえばお寿司《すし》屋さんでウナギのお寿《す》

【左下：マアナゴ　右上：ニホンウナギ】

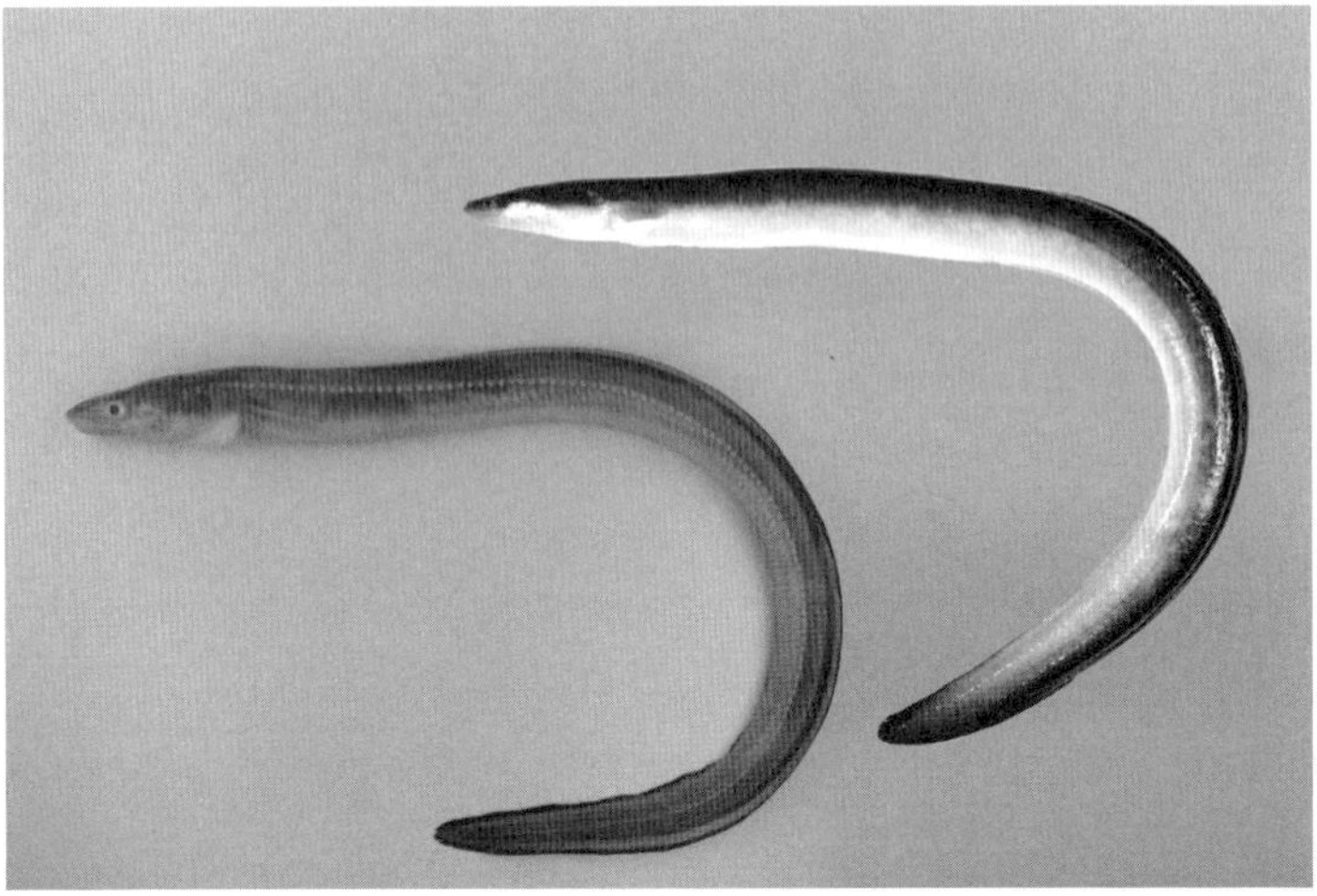

司《し》を注文したときに、「最近仕入れ値が高くなったので、ウナギはありません」と言われたら、どうするか。ウナギの代わりにアナゴを注文する人が多いのではないか。

生物としてのウナギとアナゴも似ているのか。日本の河川や沿岸に住んでいるニホンウナギとマアナゴを比べてみると、まず、形が似ている。どちらも「ウナギ目《もく》」という、細長い形をした魚の仲間だ。形が似ている動物どうしは、食べ物も共通している場合が多い。食べ物が共通する動物どうしは、限られた食物をめぐって競争する。ウナギとアナゴも競争しているのか。

岡山県《おかやま》の児島湾《こじまわん》では、ニホンウナギも捕《と》れ

るし、マアナゴも捕れる。同じ場所に住んでいる似た形の魚どうしは、互《たが》いに競争しているかもしれない。そこで、児島湾と旭川《あさひがわ》で捕れるウナギとアナゴについて、その生態を比較《ひかく》してみた。

2. 住み場所、行動時間、エサ

ウナギは淡水《たんすい》から汽水にかけて生息しているが、アナゴは汽水から海水にかけて生息している。だから、ウナギとアナゴが出会うのはおもに汽水域だ。汽水域である児島湾《こじまわん》には、ウナギもアナゴも豊富に存在する。児島湾を住み場所としているウナギとアナゴについて、行動している時間帯と食べ物が一致《いっち》している場合には、互《たが》いに資源を奪《うば》い合っている可能性が高い。しかし、行動時間と食べ物のうち、どちらかが大きく異なっている場合は、同じ場所でウナギとアナゴが共存することも可能なはずだ。

行動する時間は、胃の中に残っている食べ物を利用して調べることができる。ウナギもアナゴも、夜にエサを食べる、夜行性の魚だと考えられている。夜中にエサを食べたら、次の日の朝はまだお腹がいっぱいで、夕方になったらお腹がすくのではないだろ

【胃の中にエサが見つかった割合】

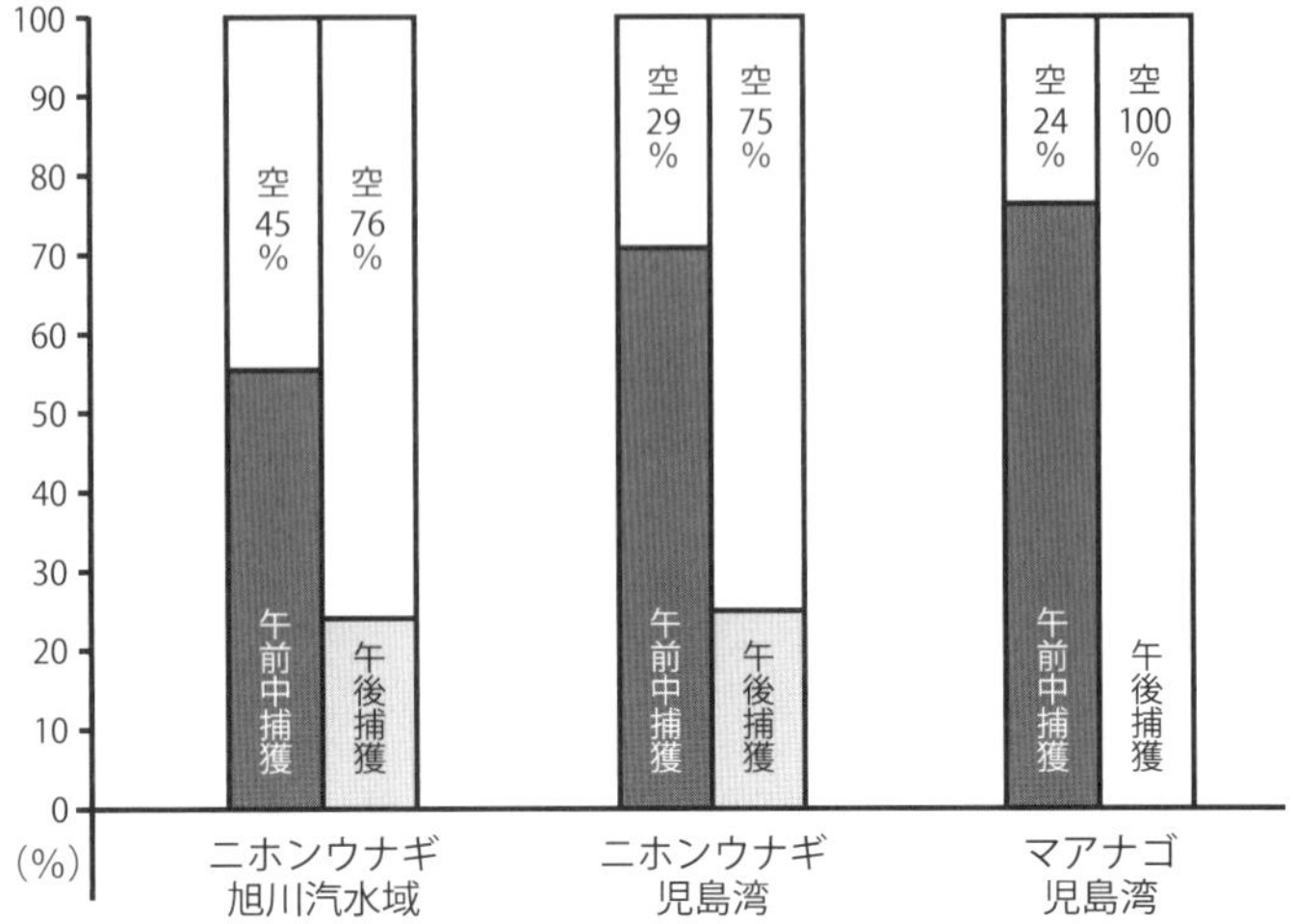

うか。

　そこで、午前中に捕《と》れた魚と、午後に捕れた魚の胃の中にどの程度エサが残っているのか、比べてみた。夜行性で夜にエサを食べるのなら、午前中に捕れた魚の方が、午後に捕れたものよりも、胃の中にエサが残っている場合が多いはずだ。比較《ひかく》の結果、ウナギもアナゴも、午前中に捕った魚の胃にはエサが残っていたが、午後に捕った魚の胃からは、あまりエサが見つからなかった。やはり、ウナギもアナゴも夜行性で、夜にエサを探しているのだ。

　食べているエサの種類はどうだろうか。エサは動物が生きていくうえで、欠かすことのできない重要なもののひとつだ。児島湾《こじまわん》に住んでいるウナギとアナゴでは、行動時間が共通していた。もしも、エサも共通しているようであれば、彼《かれ》らは互《たが》いに激しく競争している可能性が高くなる。本章の第4節で紹介《しょうかい》したように、児島湾のウナギは、ほとんどアナジャコばかり食べている。

それでは、アナゴはどうだろうか。児島湾で捕《と》れたアナゴの胃の中身を見てみると、やはりアナジャコが出てくることが多かった。ウナギの場合は、胃から出てきたエサのうち、約七五パーセントがアナジャコだったが、アナゴもおよそ六〇パーセントはアナジャコで占《し》められていた。

児島湾《こじまわん》を住み場所としているウナギとアナゴでは、行動時間だけでなく、エサの種類も共通していた。やはり、彼《かれ》らは児島湾の中で、食べ物をめぐって互《たが》いに競争しているのだろうか。

3. ケンカはしない

同じエサを食べる動物どうしが同じ場所に住んでいると、エサをめぐって競争になる

【胃から出たアナジャコの指節】

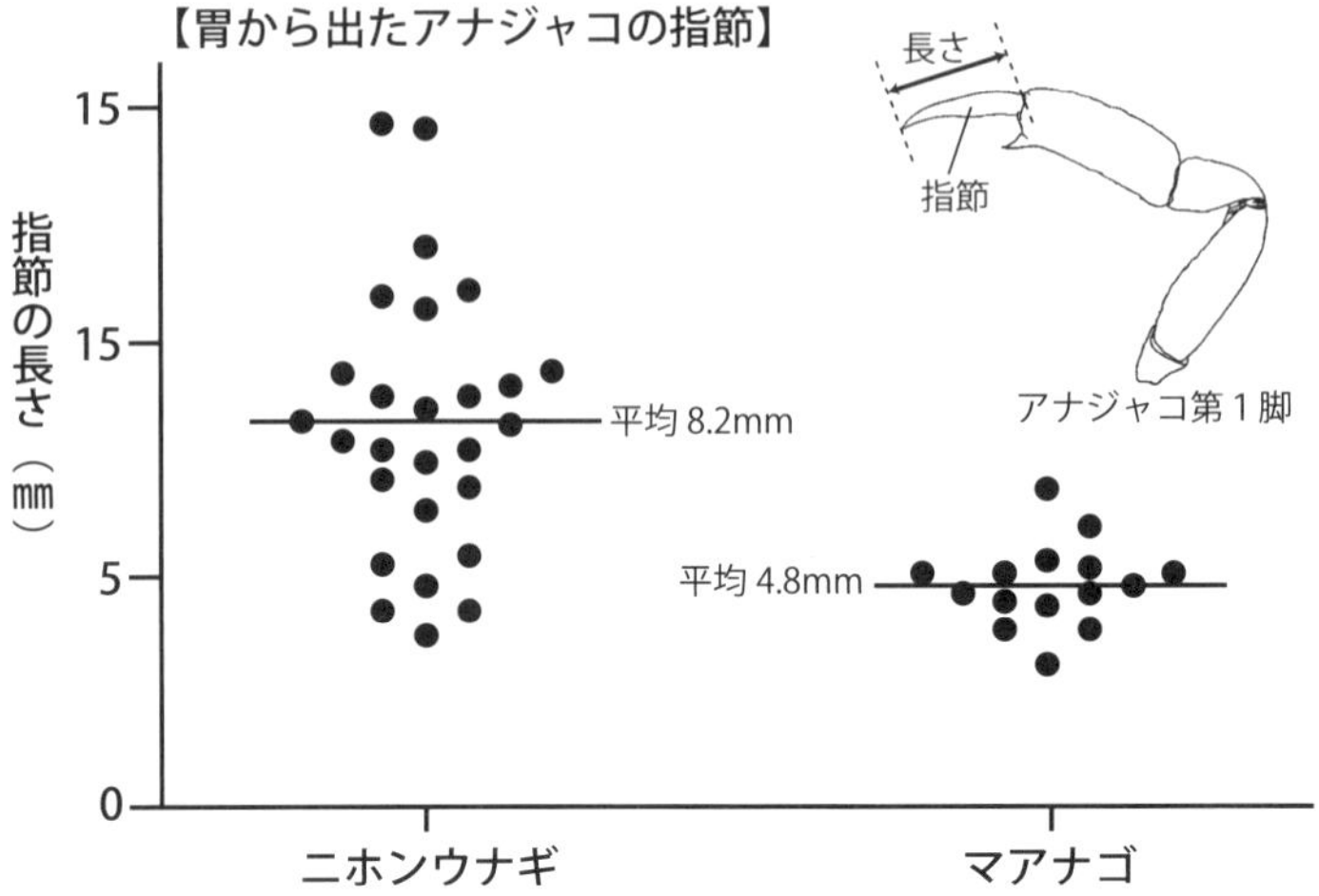

ことが多い。競争では、競争相手に勝つためにエネルギーを使うので、その分自分が成長したり、子孫を残したりするためのエネルギーは減ってしまう。つまり、生物にとって、競争は基本的に損なのだ。多くの場合、生物は競争をしないですむように、バランスをとっている。たとえば、住む場所、行動時間、食べ物などを、異なる種類の生き物と、少しだけ生き方をずらすことによって、競争を避《さ》ける。ウナギとアナゴも、競争ばかりしていたら、エネルギーのむだづかいだ。彼《かれ》らは、本当に競争しているのだろうか。

　よくよく調べてみると、やはりちがいが見つかった。食べているエサの大きさがちがうのだ。ウナギとアナゴの胃の中から出てきたアナジャコの、一番大きな足の、ハサミの部分（第一脚《きゃく》の指節《しせつ》と呼ばれる部分）の大きさを比べてみると、アナゴよりも、ウナギの胃から出てきたアナジャコのハサミの方が大きいことがわかった。どうやら、ウナギの食べているアナジャコは、アナゴが食べているアナジャコよりも大きいようだ。エサの種類は同じでも、大きさがちがうということは、ウナギとアナゴの食べているエサは異なっているということになる。食べているものがちがうのだから、ウナギとアナゴが競争しているとは考えにくい。やはり彼《かれ》らは、競争にむだなエネルギーを使うことなく、仲よく共存していたのだ。

4. 絶妙《ぜつみょう》なバランス

なぜ、ウナギとアナゴの食べているエサの大きさが異なるのか。それは、児島湾《こじまわん》に生息しているウナギとアナゴの大きさが異なるからだ。児島湾で捕《と》れたウナギの平均体長はおよそ五五センチで、最も小さいウナギは三四センチだった。これにたいして、同じく児島湾で捕れたアナゴの平均体長は三五センチで、最も大きいアナゴは五三センチ

【児島湾のニホンウナギとマアナゴの全長】

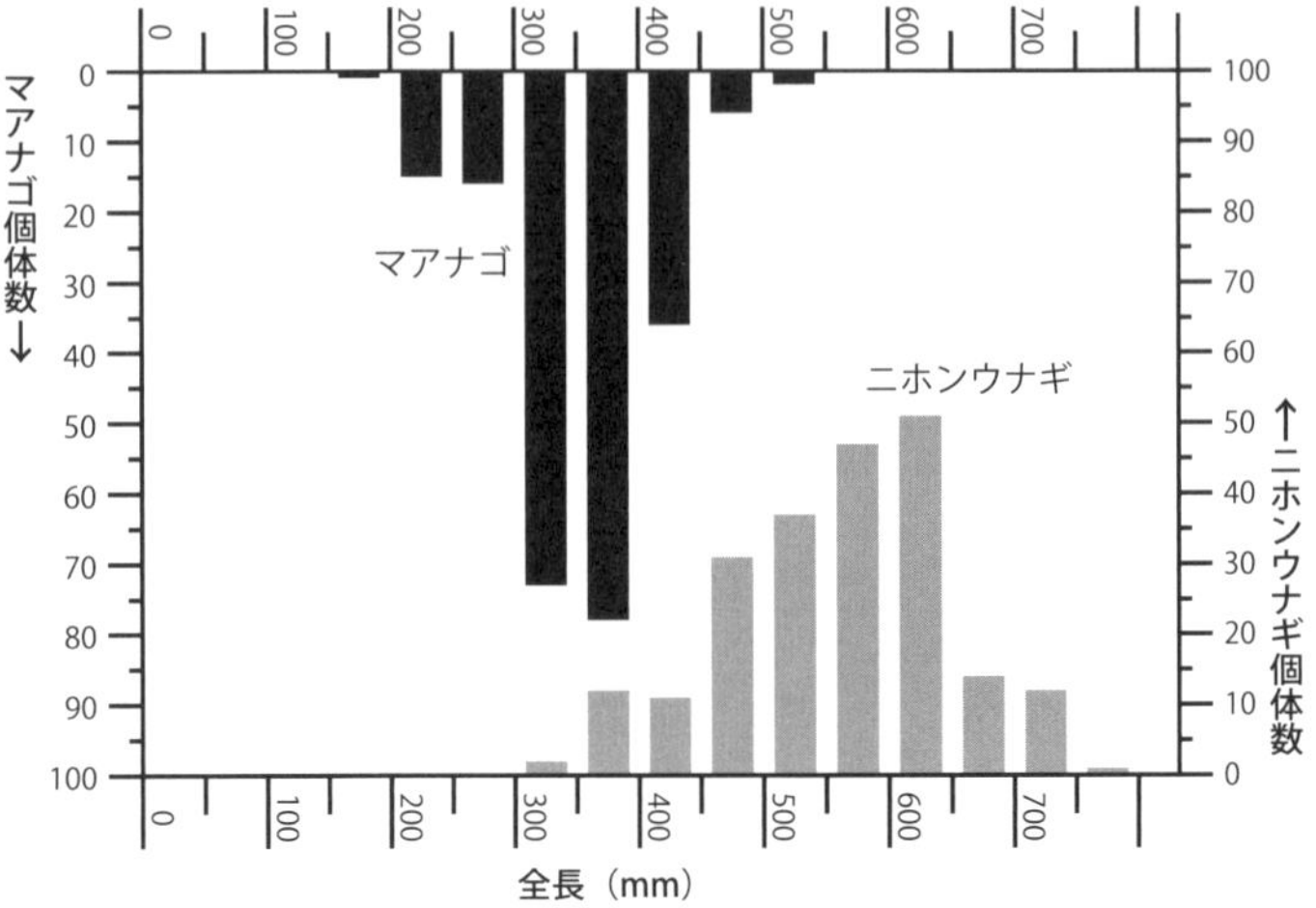

だった。つまり、ウナギは体が大きいために、大きいアナジャコを食べ、アナゴは体が小さいために、小さいアナジャコを食べているということだ。

アナゴは、成長すると八〇センチ以上にまで大きくなる。一方のウナギも、生まれた時から体長が三〇センチ以上あるわけではない。シラスウナギの平均体長はおよそ六センチで、三〇センチに育つまでには三年程度かかる。それでは、なぜ児島湾《こじまわん》ではウナギの方が大きく、アナゴの方が小さいのか。

その理由は、ウナギとアナゴの回遊生態のちがいにあるようだ。本章第2節で紹介《しょうかい》したように、児島湾《こじまわん》に進入したシラスウナギは、一度児島湾を通り過ぎ、旭川《あさひがわ》などの河川を数キロメートル上ったところに落ち着く。一部のウナギは、ここから数年かけて児島湾まで移動するため、児島湾にウナギが入るときは、すでに体長が三〇センチ以上にまで成長しているのだ。

アナゴはどうだろうか。アナゴの産卵場も、ウナギと同じように遠い海の中にある。海で生まれたアナゴの赤ちゃん（やはり葉っぱの形をしているので、ウナギと同じようにレプトセファルスと呼ばれる）は、陸地の近くにやって来る。その後、ウナギは川を数キロメートルさかのぼるが、アナゴは川にはあまり進入しないで、汽水の中でも塩分の高い場所で成長するようだ。成長すると、アナゴは八〇センチを超《こ》える大きさになるけれど、児島湾で捕まえた一番大きいアナゴは、五三センチでしかなかった。児島湾で育ったアナゴは、成長するとともに、児島湾の外へと移動しているようだ。

この地域では、ウナギは旭川の中で始めの数年間を過ごし、大きく成長してから児島湾に降りてくる。一方アナゴは、赤ちゃんの時から児島湾で成長し、大きくなると児島湾の外へ出ていく。その結果、児島湾ではアナゴよりもウナギの体長の方がずっと大きいことになる。大きなウナギと小さなアナゴは、エサをめぐって激しく争うことなく、児島湾の中で共存しているようだ。ウナギとアナゴの回遊生態の微妙《びみょう》なちがいから、彼《かれ》らが競争しないでもすむような、絶妙《ぜつみょう》なバランスが生み出されている。

5. 競争から逃《のが》れて淡水《たんすい》へ？

なぜ海で生まれたウナギは、わざわざ淡水《たんすい》に進入するのか？　ウナギの産卵場が確定し、天然の卵が発見された今、このテーマこそが、ウナギに関する最大のなぞのひとつだろう。

ウナギが淡水に進入する理由について、これまでいろいろな説明がなされてきた。その中でも、もっとも有力なのは、エサの量に関するものだ。ウナギの先祖はもともと、海で生まれて、海で育つ魚だったということがわかっている。海で生活していた先祖から、生まれた後に淡水へ進入するウナギが始めに現れたのは、熱帯だったようだ。熱帯の海は、とてもきれいだけれど、栄養が少ない。当然、エサも少ない。熱帯では、栄養の少ない海よりも陸地を流れる川の方が、エサが豊富だ。このために、ウナギは海ではなく川で成長するようになったのではないか、という考え方だ。

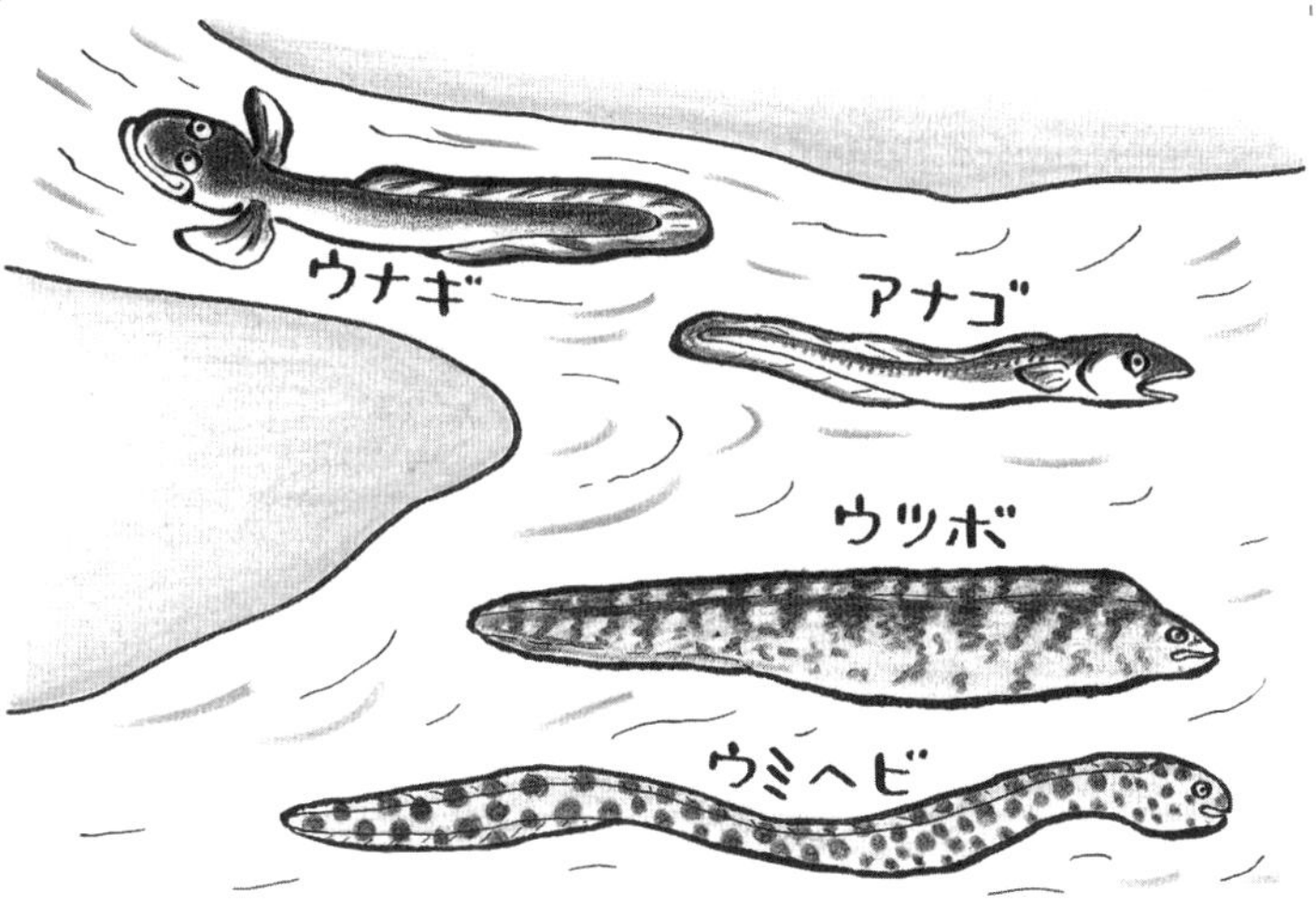

しかし、この考え方では、日本やヨーロッパのウナギが淡水《たんすい》に進入することを説明できない。なぜなら、日本やヨーロッパでは、熱帯とちがって川よりも海でエサが豊富な場合も多いからだ。川で生まれたサケが海に下って行くのも、栄養分の豊富な海でたくさんエサを食べて、大きく成長するためだ。

この章でも紹介《しょうかい》したように、日本やヨーロッパのウナギは淡水よりも汽水で成長が速い。しかし、それにも関わらず、一部のウナギはわざわざ淡水に進入する。なぜウナギは流れに逆らってまで、成長の良いはずの汽水から、成長の悪い淡水へと移動するのだろうか。

ウナギが淡水《たんすい》に進入する理由として、最近、新しい考え方が提唱されるようになった。新たな生活の場所を求めて、ウナギが川に進入したとする考え方だ。ウナギのような、細長い形をした魚の仲間をウナギ目《もく》魚類という。ウナギ目《もく》魚類の中でも、淡水に進入するウナギの仲間は、一番最近になって現れた、新参者だ。ウナギが生まれるよりもっと古くから、いろいろな種類のウナギ目《もく》魚類、たとえばウミヘビや、ウツボや、アナゴの仲間が、海の中のいろいろなところに住んでいた。深いところにも、浅いところにも、外洋にも、沿岸にも、すでにウナギ目《もく》魚類が住んでいて、新参者のウナギが入りこむ余地は、すでに海の中にはなかったのかもしれない。競争しないで生きていける、新しい生活の場所を求めた結果、ウナギ目《もく》魚類がまったく進出していなかった淡水を、ウナギが利用するようになった可能性は十分にある。

岡山《おかやま》の調査で明らかになったウナギとアナゴの関係は、この考え方を支持しているようにも見える。ウナギが川の中に進入した結果、アナゴとの競争が避《さ》けられているからだ。もしかしたら、ウナギとアナゴの関係の中には、「なぜウナギは淡水に進入するのか?」という、ウナギに関する大きななぞを解くためのヒントが隠《かく》されているのかもしれない。

◆ 汽水《きすい》

川や湖などの、塩分をほとんど含《ふく》んでいない水のことを淡水《たんすい》、塩分を含んでいる海の水を海水という。川の河口の近くは、海の海水と川から流れこむ淡水とが混じり合う。このように、淡水と海水が混じり合った水のことを汽水という。汽水は淡水より塩分が濃《こ》いが、海水よりも薄《うす》い。海水の塩分はおよそ3%程度だから、汽水の塩分はだいたい0%より高くて、3%よりも低いことになる。

汽水の塩分は、水深によって大きく異なる。塩は水よりも重いので、塩分の高い水は下に、塩分の低い水は上に、層を作る。ちょうど海の水の上に、川の水が乗っかってくるようなイメージだ。海には潮の満ち引きがあるから、塩分は時間によっても変化する。海面が上昇《じょうしょう》する満潮の時間は、海水が水底を這《は》って川の中まで進入してくる。反対に、干潮の時間には河口の外まで淡水《たんすい》が押《お》し出し、塩分の低い水が大きく広がることになる。

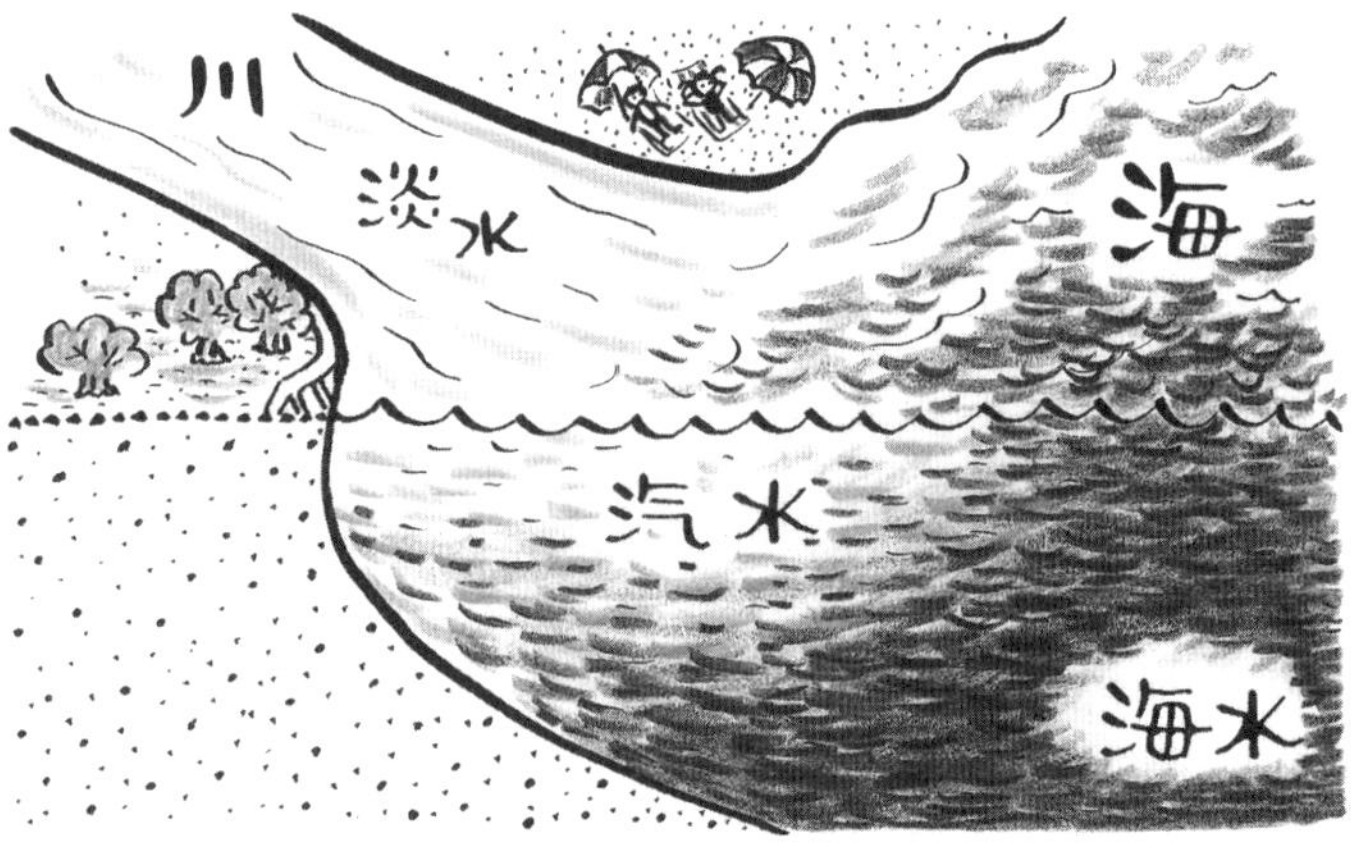

第4章　これからのウナギ研究

――ウナギを守るために――

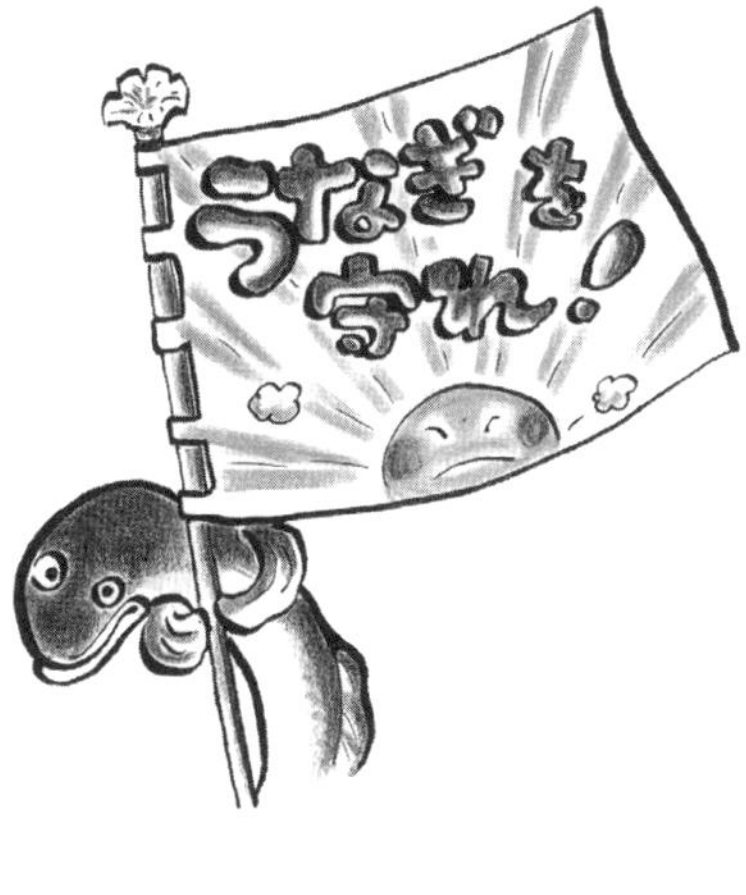

第1節　ウナギを守るために

ウナギは生まれてから死ぬまでの間に、数千キロの長い距離《きょり》を回遊し、海洋と河川という、まったく異なった場所を利用する、とてもおもしろい生き物だ。そのうえ、とてもおいしい。この素晴らしい生き物が、いま、急激に減少し、絶滅《ぜつめつ》の危険性さえも指摘《してき》されている。

それではウナギを守るために、何ができるのだろうか。第2章で紹介《しょうかい》したように、ウナギが減少している理由として、三つの原因があげられている。①海洋環境《かんきょう》、②ウナギ漁、そして、③河川環境《かんきょう》だ。このうち、海洋環境を人間がコントロールすることはなかなかむずかしい。人間の力で何とかできそうなものは、②のウナギ漁と、③の河川環境ということになる。

この章では、ウナギを守るために何ができるのか、どのような課題があるのか、今後何を調べていく必要があるのか、ということについて考える。

【シラスウナギ漁】

第2節　ウナギ漁

1. ウナギ漁

　ウナギの数は減っている。しかし、現在もウナギ漁はおこなわれている。子どものシラスウナギ、成長期の黄ウナギ、産卵へ向かう銀ウナギ、あらゆる段階のウナギが、それぞれ特有の漁法で捕《つか》まえられ、養《よう》殖場《しょくじょう》へ、蒲焼《かばやき》屋へ、そして食卓《しょくたく》へと運ばれている。

　シラスウナギは、河川に近づいてくる冬から春先にかけて、夜間に海面を明りで照らしながら、網《あみ》ですくい上げる。黄ウナギ

【ウナギかきを使ってうなぎを捕《と》る（東都宮戸川之図《とうとみやとがわのず》、歌川国芳《うたがわくによし》筆）】

は、袋網《ふくろあみ》、はえ縄《なわ》やスッポンのほか、石ぐらやウナギかきで捕《つか》まえる。

石ぐらとは、川の中に石を積み上げ、ウナギが住み着いたところで石を崩《くず》してウナギを捕《つか》まえる方法だ。ウナギかきは、泥にもぐっているウナギを、専用の道具で掻《か》き出す。銀ウナギは産卵場に向かうために川を下ってくるところを、河口や湾《わん》にしかけた定置網《ていちあみ》で捕《つか》まえることが多い。

遠い海で生まれ、何千キロも旅をして、ようやく日本の河川までたどり着いたウナギを待ち受けているのは、人間だ。日本における、人間とウナギとの付き合いは古く、縄文《じょうもん》時代の貝塚《かいづか》からもウナギの骨がたくさん出土する。縄文《じょうもん》時代から現在に至る長い時間をかけて、人間はウナギ漁の方法を工夫し、発展させてきた。

2. ウナギ漁は悪いことなのか

ウナギが激減している今、ウナギを捕《と》ることは悪いことなのだろうか。もちろん、捕《と》りすぎてはいけない。しかし、ウナギ漁は、縄文《じょうもん》時代の昔からずっと続いてきた、大切な文化のひとつだ。ウナギを守る目的のひとつは、ウナギを食べるという、重要な文化を守ることにある。文化を守るという目的のために、ウナギ漁という、これもまた貴重な文化を途絶《とだ》えさせてしまうことになったとしたら、それはちょっとおかしいのではないだろうか。ウナギを食べるという文化も、ウナギを捕《と》るという文化も、どちらも大切に受け継《つ》いでいきたいものだ。

ウナギを捕《と》るという文化を残していくためには、ウナギを捕りすぎないようにしなければならない。ウナギがいなくなってしまったら、ウナギ漁はできないからだ。ウナギを捕りすぎないようにするためには、何が必要なのだろうか。

3. ウナギ漁の問題はどこにあるのか

それでは、どの程度までなら捕《と》っても良いのか？　ここまでならウナギを捕っても、ウナギの数は減りません、という量を明らかにしなければ、ウナギを守りながら、ウナギ漁を続けていくことはむずかしい。しかし今のところ、このことに関する情報はほとんど存在しない。これこそが現在、ウナギ漁に関する最大の問題だといえるだろう。

まず、いまの日本にどのくらいの数のウナギが住んでいるのか、だれも知らない。また、全国の漁師さんや釣《つ》り人が、どのくらいウナギを捕っているのか、この点についても正確な情報がない。ほとんど情報がないので、この程度の量までなら捕《と》っても大丈夫《だいじょうぶ》です、という規則を作ることができない。

いま、ウナギ漁はほとんど管理されていない。産卵回遊に向かう銀ウナギについては、最近いくつかの県で禁漁期間を設定する動きがあるが、黄ウナギについては、好きなだけ、捕《と》りたいだけ捕ってしまえる状態だ。漁業協同組合に所属している漁師さんだけでなく、一般《いっぱん》の釣《つ》り人も、いくらでも黄ウナギを捕《と》ることができる。このような状態

【ウナギを食べる文化……『鰻屋《うなぎや》の二階（明烏後正夢《あけがらすのちのまさゆめ》）』より】

を放置していれば、ウナギはますます減少していくだろう。

ウナギを守るためには、ウナギ漁を適切に管理する必要がある。そして、適切な管理をおこなうためには、情報が必要だ。日本に生息するウナギの量と、ウナギ漁の実態に関する情報を、急いで集めなければならない。ウナギ食文化を守ると同時に、ウナギ漁というかけがえのない文化を守るために、いま最も必要とされていることのひとつだろう。

第3節　ウナギの放流

1．ウナギの放流

日本の多くの川や湖で、ウナギの放流がおこなわれている。若いウナギを養殖場《ようしょくじょう》から買って来て、川や湖に放すのだ。放流の目的は、ウナギを増やすこと。しかし、現在おこなわれているウナギの放流に対しては、いくつかの問題点が指摘《してき》されている。

まず、ウナギが放流された後、どのように育っているのか、ほとんどわかっていない。放流されたウナギが大きく育ち、マリアナ諸島北西の産卵場で卵を産んで始めて、ウナギの放流がウナギの減少を食い止めるために役立ったと言える。しかし、放流されたウナギのうち、どの程度の割合が生き残るのか、どのように成長するのか、産卵場までたどり着くことができるのか、健康な卵を産むことができるのか、ほとんど調べられていない。これらのことを調べるには、膨大《ぼうだい》な時間と手間がかかる。もちろんお金もかかる。大変な作業ではあるけれど、ウナギを放流する意味があるのかないのかわからな

いまま、ずっと放流を続けていくわけにもいかない。

また、放流されるウナギが、養殖場《ようしょくじょう》で育ったウナギのなかでも、特に成長の悪いものである場合もある。成長の良いウナギは蒲焼屋《かばやきや》さんに売られ、成長が悪いウナギが放流用に売られるということだ。成長の悪いウナギでも、捨てられるより放流された方が、少しはましなのかもしれない。その分ウナギが増える可能性だってある。しかし、もしも放流されているウナギのほとんどが、成長の悪いウナギだとすれば、これは大きな問題だ。ウナギの中には、生まれつき成長の遅《おそ》い遺伝子を持つために、生まれつき成長の悪いものがいるかもしれない。この、成長の遅《おそ》い遺伝子を持つウナギを放流し、成長の速い遺伝子を持つウナギを人間が食べてしまうことを続けると、成長の遅《おそ》い遺伝子を持つウナギばかりが増えてしまうことだってあるだろう。現在、ウナギの放流がどのようにおこなわれているのか、放流されたウナギはどのように育っているのか、よく調べたうえで、ウナギにとって最も良い放流の方法を考える必要がある。

2. 生態系に与《あた》える影響《えいきょう》

ここまで、ウナギの放流がウナギに対してどのような影響《えいきょう》を与《あた》えるのかについて考えた。それでは、ウナギ以外の生物に対してはどうなのだろうか。河川や湖沼《こしょう》には、それぞれ独自の生態系がある。ウナギを放流することによって、日本に昔から存在してきた生態系がどのような影響《えいきょう》を受けるのか、だれも調べたことがない。ウナギを増やそうと努力した結果、古くから受け継《つ》がれてきた生態系のバランスを崩《くず》してしまうことになったとしたら、貴重な生き物がウナギに食べつくされることになってしまったら、それは、とても残念なことではないだろうか。当たり前のことだが、川は、ウナギだけのものではない。川を利用している様々な生き物とともに、どのようにウナギが共存していくことができるのか、考えていく必要がある。

ウナギの放流について、いまはっきりと言えることは、ぼくたちはウナギの放流のことを、ほとんど何もわかっていないということだ。ウナギを増やす効果があるのか、河川の生態系に悪い影響《えいきょう》を与《あた》えることはないのか、現在のところ、何もわからない。今、重要なことは、ウナギの放流の持つ効果と影響に関する、正確な情報をつかむことだ。

第4節　河川の環境《かんきょう》とウナギ

1．河川環境《かんきょう》の変化

ウナギが成長する川や湖のまわりには、たくさんの人間が集まって住んでいる。水辺には、平らな土地が多いから、家や田畑を作ることができる。船を使って重いものも大量に運べる。そして、川や湖で捕《と》れる魚やエビ、貝などを食べたり、売ったりできる。人がたくさん集まる川や湖は、人間活動の影響《えいきょう》を強く受けやすい。たとえば、河川のまわりに広がっていた沼《ぬま》地《ち》や湿《しっ》地《ち》は、農地や宅地に変えられていった。残された川や湖の環境《かんきょう》も、川岸や湖岸の工事、生活排水《はいすい》や工場排水、農業排水の流入、船の利用や漁業など、人間活動の影響で大きく変わってきた。

2．失われるウナギの住み場所

その昔、川の水はときどきあふれるものだった。雨の降る量は年によって、季節によって変化するから、ときには大量の雨が降ることがある。そんなとき、水はあふれ、川の外に流れ出す。川の水が外にあふれ出すことを氾濫《はんらん》と言う。氾濫《はんらん》によってあふれた水は、川のまわりにたまって沼《ぬま》や池を作り出す。川が氾濫《はんらん》しないように、人間が川のまわりに堤防《ていぼう》を作ったり、川底を掘《ほ》り下げたりするまでは、雨の季節にはたびたび川の水があふれだしたので、川のまわりには、沼《ぬま》や池が広がる、「氾濫原湿地《はんらんげんしっち》」が存在していた。

氾濫原湿地《はんらんげんしっち》は、ウナギのほか、コイやフナ、ドジョウなど、流れの弱い水の中に住む生き物にとって、とても好ましい住み場所だった。しかし、人間が河川のまわりに住むようになってから、状況《じょうきょう》は一変した。氾濫原湿地《はんらんげんしっち》を埋《う》め立てて、川のすぐそばにまで住宅地や田畑が作られると、それら人間の財産を守るために、川岸には堤防《ていぼう》が作られるようになった。

川が氾濫《はんらん》しないように、人間がおこなったのは、堤防《ていぼう》を作ることだけではない。ダムを作って水の流れを調節し、砂防堰堤《さぼうえんてい》を作って川の底に砂がたまらないようにし、曲がりくねった川の流れをまっすぐにした。氾濫《はんらん》を防ぐために、人間は一生懸命《けんめい》に努力し

【河口堰《かこうぜき》（岡山《おかやま》市百間川《ひゃっけんがわ》の河口）】

た。その結果、ほんのときおり洪水《こうずい》を起こす場合を除いて、川はほとんど氾濫《はんらん》しなくなった。そして、いろいろな生き物の住み場所だった、氾濫原湿地《はんらんげんしっち》も失われた。人間が現れる以前は、河川の氾濫《はんらん》は、ごくあたりまえの自然の営みのひとつだった。人間の命や財産を守ることは、とても大切なことだ。でも、そのために、たくさんの生き物の住む場所が奪《うば》われていることも、また事実だ。

ウナギは、海で生まれて川で育つ。しかし、海から川に進入しようとするシラスウナギの移動は、河口堰《かこうぜき》やダム、砂防堰堤《さぼうえんてい》によって妨《さまた》げられる。なかでも河口堰《かこうぜき》がシラスウナギの移動に与《あた》えている影響《えいきょう》は大きいと考えられる。河口堰《かこうぜき》は、海水が川の中に入ることを防ぐために、河口に作られた堰《せき》だ。海のすぐそばまで田んぼや畑が作られるようになり、作物を育てるための淡水《たんすい》が必要になったため、河口堰《かこうぜき》が作られた。しかし、河川の河口に堰《せき》ができると、シラスウナギは河川に進入することができなくなる。このため、ウナギは河口堰《かこうぜき》を持つ河川を利用することができなくなってしまう。

河口堰《かこうぜき》は、ウナギの住む場所を大量に奪《うば》ってしまっているだろう。同じことは、ダムや砂防堰堤《さぼうえんてい》にも言える。ダムや砂防堰堤《さぼうえんてい》によって移動が制限されると、ウナギはそれより上流の住み場所を利用しにくくなる。現在、日本にはおよそ三千個のダムがある。砂《さ》防堰堤《ぼうえんてい》の数は、ダムの数よりもずっと多い。これらの多くが、ウナギの住み場所を奪《うば》っていると考えられる。

ウナギは、住み場所として重要だった氾濫原湿地《はんらんげんしっち》を失い、河口堰《かこうぜき》やダム、砂防堰堤《さぼうえんてい》によって上流に移動することもむずかしくなった。そのうえ、わずかに残された、ダムや

【コンクリート三面張りの河川（八王子市大栗川《おおぐりがわ》）】

砂防堰堤《さぼうえんてい》よりも下流の川の中でさえも、ウナギにとって住みやすい環境《かんきょう》とは言い難《がた》い。市街地や農地には、コンクリート三面張りの河川が多く見られる。「コンクリート三面張り」とは、河川の両岸と川底の三つの面すべてをコンクリートで固めることだ。ウナギのように、石の間や、川底にたまった泥《どろ》や砂地の中に隠《かく》れる魚にとっては、ほとんど完全に隠《かく》れ場所を奪《うば》われることになる。同じように、ウナギのエサとなる生き物たちも、隠《かく》れる場所を失って住みづらくなっただろう。

3. 水質の変化、生物の変化

河川の環境《かんきょう》の変化は、堤防《ていぼう》やダム、コンクリート護岸といった、形の変化だけではない。川を流れる水にも、その中に住む生物にも大きな変化が現れている。田畑や工場、家庭から流れ出る排水《はいすい》には、多くの栄養分が含《ふく》まれている。このような排水《はいすい》が川や湖に流れこむことによって、栄養分もいっしょに河川や湖沼《こしょう》に入っていく。川や湖の栄養分が多くなることを、「富栄養化《ふえいようか》」と言う。富栄養化が進むと、ホテイアオイやウキクサといった、富栄養の環境《かんきょう》に適した植物が急激に繁殖《はんしょく》し、植物の種類が大きく変わってしまう。また、アオコと呼ばれる藻類《そうるい》が大発生して、水が緑色に濁《にご》ってしまうこともある。

水の中に住んでいる生き物も、人間の影響《えいきょう》を受けて大きく変わった。もともとその地域に住んでいた生き物である在来生物は減少し、外から人間が持ちこんできた外来生物が増加している。たとえば、岡山《おかやま》県の旭川《あさひがわ》でおこなった調査では、ウナギはアメリカザリガニをおもなエサとしていた。アメリカザリガニは、北アメリカ大陸から日本へ連れて来られた外来生物だ。それより前には、アメリカザリガニは日本にはいなかったのだから、旭川《あさひがわ》のウナギはまったく別の生き物を食べていたはずだ。アメリカザリガニが日本へ入ってきたことによって、旭川《あさひがわ》のウナギの食べ物は、それ以前とはまったく変わってしまった。その昔、この地域のウナギが何を食べていたのか、今となってはもうわからない。

4. 河川の環境《かんきょう》とウナギ

ウナギにとって、現在の河川はけっして住みやすい環境《かんきょう》とは言えないだろう。氾濫原《はんらんげん》湿地《しっち》の減少、河口堰《かこうぜき》やダムの建設、コンクリート護岸の増加によって、ウナギが生息できる場所は確実に減少している。また、富栄養化や在来生物の減少、外来生物の増加に見られるように、水の中の環境《かんきょう》も大きく変化している。

現在、急激に減少しているウナギを守るためには、ウナギにとって、住み良い環境《かんきょう》を取りもどす必要がある。しかし、ウナギにとって、住み良い環境とはどのようなものだろうか。川や湖の中で、ウナギはどのような場所に住んで、何を食べて、どのように成

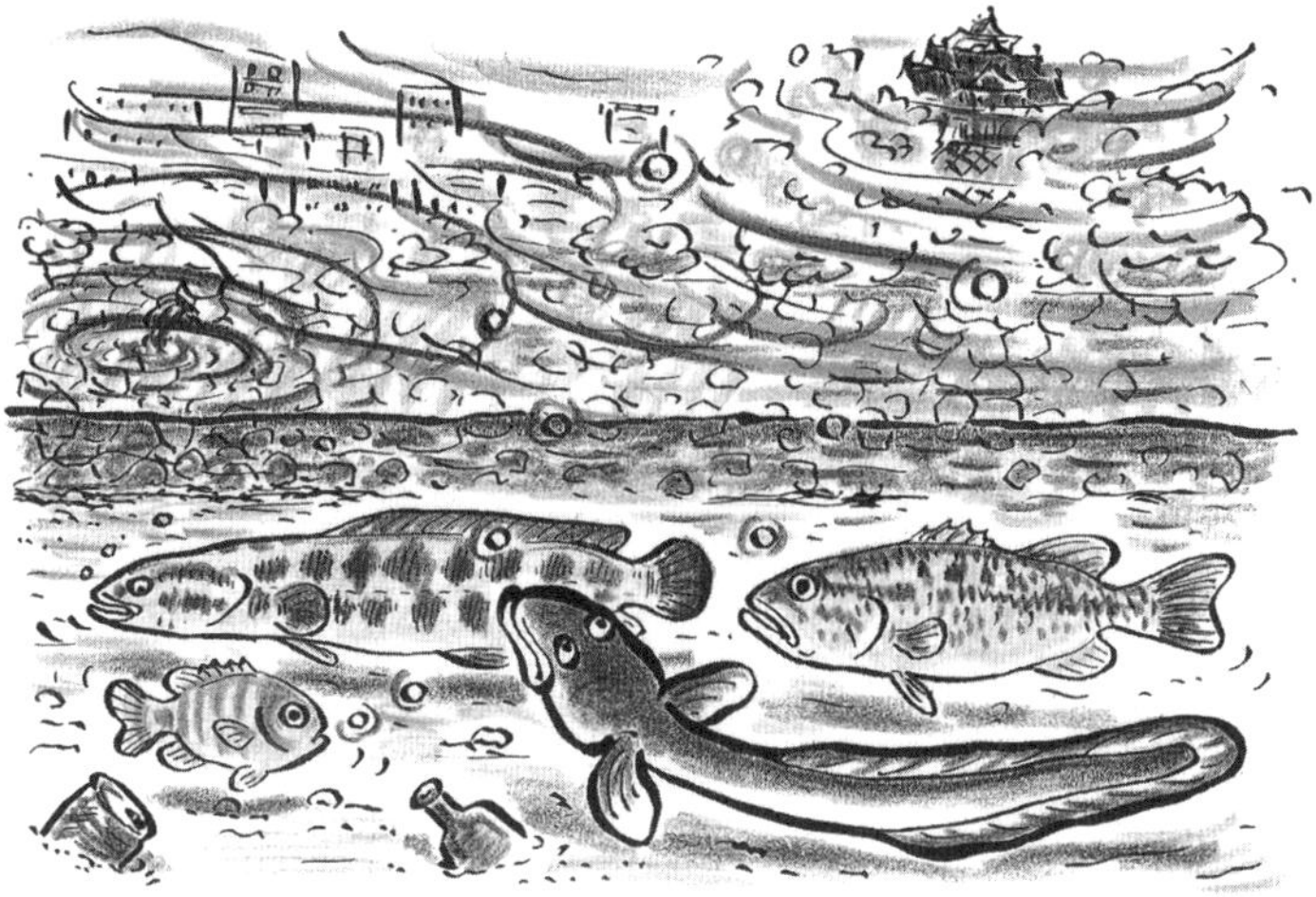

長しているのだろうか。

ぼくたちは、まだまだウナギのことを知らない。いま、ウナギ研究に求められていることのひとつは、シラスウナギとして海からやってきたウナギが、その後、河川や湖、そして沿岸域で、どのように暮らし、成長し、産卵回遊へ旅立って行くのか、その成長の過程を明らかにすることだ。ウナギはどのように成長するのか、どのような環境《かんきょう》が住みやすいのか。これらを知ることができれば、どうすればウナギをこれ以上減らさないようにできるのか、その方向性を見いだすことができるだろう。

第5節　自然再生とウナギ

人間の活動がウナギに悪い影響《えいきょう》を与《あた》えてきたことは、おそらく事実だ。しかし、人間が畑や田んぼを作り、家や道路を作り、そしてこれらの財産を守るために川にダムや堤《てい》防《ぼう》を作っていったことは、悪いことなのだろうか。ウナギを守るためには、人間はじゃまなのだろうか。

もちろんそんなことはない。経済的に豊かになるまで、人間はウナギのことなんて考えていられなかった。ご飯を食べること、家を建てること、着るものを手に入れること、生きていくことがとても大変で、ウナギを守るどころではなかっただろう。さらに、現在とくらべて、ウナギの生態も、自然の仕組みも良く分かっていなかったから、人間の活動が、環境《かんきょう》にどのような影響《えいきょう》をもたらすのか、想像することもできなかった部分もあるかもしれない。それぞれの時代に必要だったことを、人間はしてきたのではないだろうか。しかしその結果、日本の水辺は、ウナギやその他の生き物にとって、住みやすい場所とは言えないものになってしまった。日本が経済的に豊かになり、技術が大きく発展してきた現在、ぼくたちはもう一度自然に目を向けることができるのではないだろうか。

今後、必要なことは、自然を守ることと人間の活動のバランスをとることだろう。どの程度までならウナギを捕《と》っても良いのか、食べても良いのか。どの程度までなら、河川の工事をしても良いのか、海を埋《う》め立てても良いのか。正解はひとつには決まらない。地域によって、残された自然の状態も異なるし、人間の生活も様々だから、その土地に合った解決策を探す必要があるだろう。それぞれの地域で解決策を見つけるためには、水辺に住んでいる人たちが、みんなで水辺の自然について考える必要がある。地域の人たちが、自ら水辺の自然に目を向けることなしに、人間活動と自然再生のバランスを取っていくことはできない。

地域の人たちが水辺の自然について考えていくための助けとして、ウナギが役立つかもしれない。これは、ぼくが現在所属している、東京大学保全生態学研究室の鷲谷《わしたに》いづみ教授のアイデアだ。

その理由の一つは、ウナギが環境《かんきょう》の指標として適していることだ。シラスウナギとして海からやってきたウナギは、沿岸部から、山あいの上流域まで幅《はば》広い範囲《はんい》を住み場所として利用する。このため、ダムや砂防堰堤《さぼうえんてい》など、魚の移動を妨《さまた》げる障害物の影響《えいきょう》を受けやすい。河川でのウナギの移動を調べることで、魚にとって、その河川がどの程度移動しやすい場所なのか、評価することができるだろう。また、ウナギはエビや虫、小魚を食べる捕食者《ほしょくしゃ》である。捕食者は、エサとなる生物だけでなく、これらを支えるもっと小さな生き物も豊かに存在していなければ、生きてゆくことができない。このため、捕食者であるウナギは、水辺の生態系の豊かさを評価する指標に適している。つまるところ、ウナギが自由に移動できて、エサを十分食べられて、すくすくと育つことができる川であれば、他の生物にとっても住み良い環境《かんきょう》の川なのではないか、ということだ。

地域の関心を水辺の自然へと集めるための助けとして、ウナギが役に立つかもしれないもう一つの理由は、日本人がウナギ好きであることだ。ある程度の大きさのある町であれば、たいてい鰻屋《うなぎや》さんがある。鰻屋《うなぎや》さんというのは不思議なもので、使っている食材はほとんどウナギだけだ。もちろん、世の中にはタイ専門のお店、イワシ専門のお店、アナゴ専門のお店など、いろいろな魚の専門の料理店があるけれど、これらのお店は数が少ない。それに比べて、鰻屋《うなぎや》さんの数はとても多い。それだけ、日本の人びとはウナギが好きなのだろう。食べ物としてばかりではない。ウナギは、和歌の題材や、時には信仰《しんこう》の対象として、日本人にはなじみ深い生き物だ。日本で生活している人たちになじみの深いウナギは、地域の水辺の自然を考えるきっかけとして、とても適しているのではないだろうか。

環境省《かんきょうしょう》が二〇一三年に発表したレッドリストには、ニホンウナギが絶滅危惧種《ぜつめつきぐしゅ》として記載《きさい》された。しかし、問題はウナギだけにとどまらない。ウナギ以外にも、日本の淡《たん》水《すい》・汽水に生息する魚類約四〇〇種のうち、じつに六割の魚が何らかの形でレッドリストに載《の》っているのだ。ウナギの減少は、日本の水辺の自然が危機的な状況《じょうきょう》にあることの表れだろう。

減少を続けるウナギを守るために、ウナギの研究を進めることはもちろん重要だ。しかし、それだけでなく、ウナギを守ることを通じて、水辺の環境《かんきょう》を考え、水辺の自然再生につながるような仕組みを作り出していくこともまた、重要なのではないだろうか。水辺の自然再生を進めていくことにより、人間と水辺とのつながりをもう一度取りもどすこと、これこそが、ぼくたちウナギに関わる人間に求められていることではないかと考えている。

あとがき

海部 健三

大学院をやっと卒業して、職業として研究を行うようになってからようやく二年がたとうとしている。それでも「科学」の現場を伝える、このような本を書くことができる幸運に恵《めぐ》まれて、非常にありがたいと思っている。せっかくなので、あとがきとして、ぼくがこれまで学んできた「研究」というものについて述べたい。

みなさんは研究という活動について、または研究者という職業について、どのようなイメージを持っているだろうか。昼も夜も研究室に閉じこもる、孤独《こどく》な存在。もしかしたら、研究者に対してこのようなイメージを持っている人もいるかもしれない。もちろん、個々の研究者にはそれぞれの研究分野と個性があるから、なかには研究室に閉じこもって、コンピューターとにらめっこしている人もいるだろう。しかし、研究者が社会から切り離《はな》された孤独《こどく》な存在であると考えているとすれば、それは誤りだ。

研究者は常に集団で仕事をしている。それは、一人で作業をしているのか、たくさんの人数で作業をしているのか、という問題ではない。科学という作業は、一人のみで完結するものではない、ということだ。科学は、少しずつ発展する。ときには大発見によって、一気に理解が進むこともあるけれど、その大発見も、過去の研究の積み重ねの上に成り立っている。近代科学が生まれてから現在までの間、人間の知識は少しずつ積み重ねられてきた。現在、そのうえにまた新しい知識が積み上げられている。未来の研究者は、現在の研究によって得られた知識のうえに、さらに新しい知識を築いていくだろう。人類の知識を積み重ね、世界への理解を深めていくことが研究であると、ぼくは学んだ。そうすると、研究という作業は、研究者個人ではなく、人類全体で行っている作業であるはずだ。つまり、自分一人だけで研究を行っている人間など、この世界に存在しないのだ。

　科学が少しずつ発展し、人類の知識が積み重ねられていくためには、研究者は新しく知ったことを記録し、発表しなければならない。新しい知識の記録と発表の場として使われるのが、論文だ。論文を発表すれば、自分が明らかにした新しい知識を、他の人に知らせることができる。つまり、新しい知識を、人類の知識として提供することができる。このために、研究者は論文を書く。論文を書くことによって、新たな知識は人類共有の財産となり、未来の世代へと受け継《つ》がれる。だから、論文を書かない人は研究者とは呼べない。自分の知識を人類の共有財産にしていないからだ。大学の教授であっても、論文を書かない、または論文を書く手助けをしていない人は、研究者とは呼べないと、ぼくは考えている。

研究を進め、論文を書くうえで重要なことの一つに、「最先端《さいせんたん》を知る」ということがある。科学の世界では、「新しい」ということがとても重要だ。新しい発見、新しい説明、新しい仮説、新しいものの見方など、何かしら新しいもの（「新奇性《しんきせい》」という）が含《ふく》まれていない仕事は、科学の発展に貢献《こうけん》しないからだ。それでは、「新しい」ことをするためには、何が必要なのか。それは、何が新しくて、何が新しくないのか、知っていることである。いま、人間はどこまで理解していて、どこから先が不明なのか。ウナギを例にとれば、ウナギの何が分かっていて、何が分かっていないのか。ウナギの生態はどこまで説明できていて、どの部分は説明できていないのか。このことが分からなければ、新しいことを見つける研究を進めることはできない。ウナギの研究者は、ウナギの全てを知っているわけではない。知っていることは、「どこまで分かっているのか」だ。そして、彼《かれ》らはウナギの生態のなかでも、未知の部分を明らかにしようとしている。うまく成功すれば、これまで地球上のだれも知らなかったことを、世界で一番初めに知ることができる。

このように研究について考えてみると、やはり研究とはとてもめんどうで面白い、素敵な仕事だということが良く分かる。この本を書いてみて、職業として研究を行うことができている自分がいかに幸せな人間であるか、改めて確認できた。大学院を出たばかりの、経験の浅いぼくに、一冊の本を書く機会を与《あた》えてくれた方々に、深く感謝している。

最後に、この本で紹介《しょうかい》した研究を行っている間に、お世話になった方々に対して。じつにたくさんの人たちが、さまざまなかたちで協力してくれた。一人ひとりのお名前を挙げられないことが残念だけれど、この場を借りて感謝の気持ちを伝えたい。

ありがとうございました。

【参考文献・参考図書】

・黒木真理, 塚本勝巳(2011) 鰻博覧会 ── この不可思議なるもの, 東京大学総合研究博物館, 東京.

・Aida, Katsumi, Katsumi Tsukamoto, and Kohei Yamauchi. "Eel biology." Springer (2003).

・Tesch, Friedrich Wilhelm. "The Eel." Blackwell publishing (2003).

【出典】

・P11……漁業・養殖業生産統計年報 (1970–2011), 農林水産省大臣官房統計部, 東京.

・P34, P39, P115……黒木真理, 塚本勝巳 (2011) 鰻博覧会 ── この不可思議なるもの, 東京大学総合研究博物館, 東京.

・P35……Schmidt, Johs. "The breeding places of the eel." *Philosophical Transactions of the Royal Society of London. Series B* (1923): 179–208.

・P45……写真提供：黒木真理

・P100……写真提供：脇谷量子郎

著者／海部 健三（かいふ けんぞう）

1973年、東京都生まれ。1998年に一橋大学社会学部を卒業後、社会人生活を経て2011年に東京大学農学生命科学研究科の博士課程を修了。同年、東京大学農学生命科学研究科 特任助教（現職）。2012年より東アジア鰻資源協議会（EASEC）の事務局を担当。専門は保全生態学および水中生物音響学。河川や沿岸におけるニホンウナギの生態のほか、頭足類（イカやタコの仲間）の聴覚を研究している。

わたしのウナギ研究

2013年4月 第1刷発行　　2013年9月 第2刷発行

著　者／海部健三

発行者／浦城 寿一

発行所／さ・え・ら書房　〒162-0842 東京都新宿区市谷砂土原町3-1 Tel.03-3268-4261
http://www.saela.co.jp/

印刷／東京印書館　製本／東京美術紙工　Printed in Japan

 ISBN978-4-378-03915-2　NDC487

わたしのノラネコ研究

山根 明弘著

ノラネコは、わたしたちにもっとも身近な野生動物ですが、その生態・社会はなぞに包まれています。
福岡県新宮町相島。著者は、玄界灘に浮かぶ小さな島で、7年間にわたって200匹ものノラネコの調査おこなった若き研究者。本書は、その成果を写真と図版で生き生きと再現したドキュメント。だれにでもできる観察・調査の方法もわかりやすく紹介します。

地球環境のしくみ

島村 英紀著

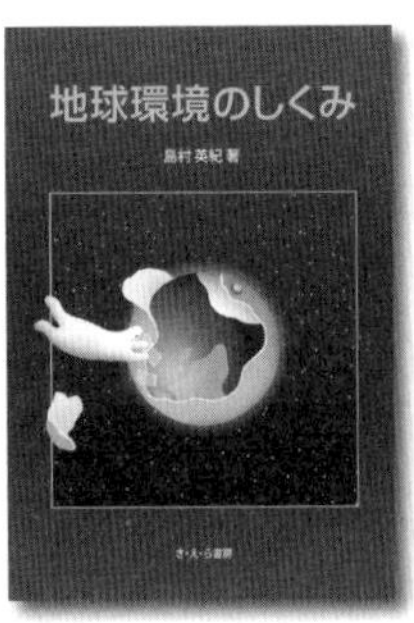

いろいろな、環境問題が新聞などで報道されていますが、その根源は、地球ができてから、今日までの地球の歴史について考えなければわかりません。
本書では、地球全体のことを考えながら、いまの環境の問題を考えていきます。これは、わたしたち地球に住む人類ひとりひとりが、考えて、立ち向かっていかなければならない問題なのです。